华南地区边坡绿化乡土植物图鉴

宋婷婷 卓丛海 罗斌 主编

中国林业出版社
China Forestry Publishing House

图书在版编目（CIP）数据

华南地区边坡绿化乡土植物图鉴/宋婷婷，卓丛海，罗斌主编. -- 北京：中国林业出版社，2024.5
ISBN 978-7-5219-2719-1

Ⅰ.①华… Ⅱ.①宋… ②卓… ③罗… Ⅲ.①园林植物—华南地区—图集 Ⅳ.①S68-64

中国国家版本馆CIP数据核字(2024)第098519号

责任编辑：张华
装帧设计：北京八度出版服务机构
————————————————
出版发行：中国林业出版社
　　　　　（100009，北京市西城区刘海胡同7号，电话83143566）
电子邮箱：43634711@qq.com
网　址：www.cfph.net
印　刷：河北京平诚乾印刷有限公司
版　次：2024年5月第1版
印　次：2024年5月第1版
开　本：787mm×1092mm　1/16
印　张：15.5
字　数：252千字
定　价：128.00元

《华南地区边坡绿化乡土植物图鉴》
编委会

主　　编：宋婷婷　卓丛海　罗　斌

副 主 编：刘东明　刘　念　古旋全　朱省芳　林玩坤
　　　　　　谢建光　刘文艺

参编人员：陈开树　刘　晓　朱忠明　朱国福　朱滟仙
　　　　　　林伟旭　陈晓玲　叶原源　周序羽　卓晓绵
　　　　　　黄焯霖　邓高杰　吴艾明　刘　畔　张春波
　　　　　　黄华柳　许晓燕　周美荣　刘良森　彭燕青
　　　　　　马沛沛　王孝琼　陈　川　黄树源　叶潮协
　　　　　　张怡铭　管　炜

前言 PREFACE

南岭山脉西北端以越城岭山脉连接云贵高原的东南端，东北延伸为武夷山山脉，它的北界是南亚热带与中亚热带的分界线。

华南地区通常就指南岭山脉以南地区，南北向基本以北回归线分为南部与北部，东西向以福建与广东、广西交界线分为东部、中部和西部；包括广东、广西、海南、福建中南部、台湾、香港、澳门等地。

雄伟高大的南岭山脉，既挡住了北方冷空气的侵入，也截留了东南面太平洋吹来的暖湿气流，使大部分地区冬无严寒、温暖湿润、雨量充沛。

这里的最冷月平均气温≥10℃，极端最低气温≥–4℃，日平均气温≥10℃的天数在300天以上。多数地方年降水量为1400~2000mm，是一个高温多雨、四季常绿的热带–亚热带区域。地形以丘陵、台地为主，土壤主要有黄壤、红壤、赤红壤、砖红壤及各色石灰土。在这里，植物生长茂盛，种类繁多，有热带雨林、季雨林和季风常绿阔叶林等地带性植被。

随着经济社会的快速发展，中国大力实施交通、水利、矿山、电力等基础工程建设项目，从而形成了大量的裸露坡面。这些裸露坡面不仅影响了生态环境景观，大部分还存在着地质灾害隐患，影响主体绿化工程的安全稳定。因此，随着建设美丽中国的深入展开，边坡绿化得到了各级人民政府的高度重视。

边坡绿化的环保意义十分明显，它可美化环境，涵养水源，防止水土流失和滑坡，净化空气。对于石质边坡而言，边坡绿化的环保意义尤其突出。

要在受损边坡上构建一个具有自我生长能力、生物多样性丰富的生态系统，关键要选用合适的植物。乡土植物经过时间的长期考验，适应了当地的气候与土壤，是自然选择的结果，具有旺盛的生命力。因此，选用具有耐瘠薄、抗旱、抗寒、抗风、耐热等性状的乡土植物是恢复与重建边坡植被的关键要素之一。

本书从边坡绿化工程中已应用或相关调查中有记录的华南地区乡土植物中精选出隶属于71科163属的45种乔木（这些乔木可用

于坡度15°～30°甚至更大坡度的边坡)、88种灌木、56种草本和41种藤本，共230种（含亚种和变种），介绍它们的形态特征、分布、习性、栽培繁殖技术、应用等内容，每种植物均配有彩色照片。部分植物亚种或变种与原种在形态及应用上差别较大，也会单独介绍。书中对科的排列，蕨类植物按秦仁昌1978年系统，被子植物按哈钦松第四版系统；采用的中文名、学名以《中国植物志》记载的为主，科内属、种按学名字母顺序排列。

全书有彩色照片681幅，图文并茂，具有较强的科普性、实用性和植物文化内涵，可为华南地区的边坡绿化对乡土植物的选择提供参考，可供植物学、生态学、园林园艺学及植物爱好者、绿化工程设计、施工和养护人员参考使用。为了方便读者查阅，书后附有参考文献、中文名和学名索引。

除了本书副主编刘东明、刘念，还有王瑞江、林玲、刘冰等学者提供了部分物种的彩色照片，在此一并表示衷心感谢！

鉴于编者水平有限，本书难免有疏漏甚至错误之处，恳请各位专家、行业人员与读者批评指正。

编者
2024年1月20日星期六

目录 CONTENTS

前言

紫萁科 Osmundaceae
紫萁 ··· 001

里白科 Gleicheniaceae
芒萁 ··· 002

姬蕨科 Hypolepidaceae
姬蕨 ··· 003

凤尾蕨科 Pteridaceae
半边旗 ·· 004
蜈蚣草 ·· 005

金星蕨科 Thelypteridaceae
干旱毛蕨 ··· 006

乌毛蕨科 Blechnaceae
乌毛蕨 ·· 007
东方狗脊 ··· 008

肾蕨科 Nephrolepidaceae
肾蕨 ··· 009

木兰科 Magnoliaceae
夜香木兰 ··· 010
含笑花 ·· 011

番荔枝科 Annonaceae
假鹰爪 ·· 012

樟科 Lauraceae
阴香 ··· 013
山鸡椒 ·· 014
潺槁木姜子 ·· 015

毛茛科 Ranunculaceae
丝铁线莲 ··· 016

木通科 Lardizabalaceae
木通 ··· 017

小檗科 Berberidaceae
南天竹 · 018

胡椒科 Piperaceae
华南胡椒 · 019
山蒟 · 020
假蒟 · 021

金粟兰科 Chloranthaceae
草珊瑚 · 022

蓼科 Polygonaceae
红蓼 · 023

千屈菜科 Lythraceae
紫薇 · 024

瑞香科 Thymelaeaceae
土沉香 · 025

海桐花科 Pittosporaceae
海桐 · 026

山茶科 Theaceae
浙江红山茶 · 027
油茶 · 028
茶梅 · 029
南山茶 · 030

桃金娘科 Myrtaceae
岗松 · 031
桃金娘 · 032
乌墨 · 033
蒲桃 · 034
香蒲桃 · 035

野牡丹科 Melastomataceae
多花野牡丹 · 036
野牡丹 · 037
展毛野牡丹 · 038
毛菍 · 039

使君子科 Combretaceae
使君子 · 040

金丝桃科 Hypericaceae
黄牛木 · 041
金丝桃 · 042

杜英科 Elaeocarpaceae
水石榕 · 043
山杜英 · 044

梧桐科 Sterculiaceae
假苹婆 · 045
苹婆 · 046

锦葵科 Malvaceae
木芙蓉 · 047
朱槿 · 048
木槿 · 049
地桃花 · 050

大戟科 Euphorbiaceae
红背山麻杆 · 051
土蜜树 · 052
白饭树 · 053
算盘子 · 054
血桐 · 055
白楸 · 056
粗糠柴 · 057
余甘子 · 058
山乌桕 · 059
乌桕 · 060

虎皮楠科 Daphniphyllaceae
虎皮楠 · 061

绣球科 Hydrangeaceae
常山 · 062

蔷薇科 Rosaceae
钟花樱桃 · 063
皱皮木瓜 · 064
枇杷 · 065
棣棠花 · 066

石斑木 ⋯⋯⋯⋯⋯⋯⋯⋯⋯⋯⋯⋯⋯ 067	榔榆 ⋯⋯⋯⋯⋯⋯⋯⋯⋯⋯⋯⋯⋯⋯ 096
粗叶悬钩子 ⋯⋯⋯⋯⋯⋯⋯⋯⋯⋯ 068	**桑科 Moraceae**

含羞草科 Mimosaceae

合欢 ⋯⋯⋯⋯⋯⋯⋯⋯⋯⋯⋯⋯⋯⋯ 069	构树 ⋯⋯⋯⋯⋯⋯⋯⋯⋯⋯⋯⋯⋯⋯ 097

苏木科 Caesalpiniaceae

红花羊蹄甲 ⋯⋯⋯⋯⋯⋯⋯⋯⋯⋯ 070	对叶榕 ⋯⋯⋯⋯⋯⋯⋯⋯⋯⋯⋯⋯ 098
首冠藤 ⋯⋯⋯⋯⋯⋯⋯⋯⋯⋯⋯⋯ 071	九丁榕 ⋯⋯⋯⋯⋯⋯⋯⋯⋯⋯⋯⋯ 099
洋紫荆 ⋯⋯⋯⋯⋯⋯⋯⋯⋯⋯⋯⋯ 072	薜荔 ⋯⋯⋯⋯⋯⋯⋯⋯⋯⋯⋯⋯⋯⋯ 100
云实 ⋯⋯⋯⋯⋯⋯⋯⋯⋯⋯⋯⋯⋯ 073	笔管榕 ⋯⋯⋯⋯⋯⋯⋯⋯⋯⋯⋯⋯ 101
紫荆 ⋯⋯⋯⋯⋯⋯⋯⋯⋯⋯⋯⋯⋯ 074	地果 ⋯⋯⋯⋯⋯⋯⋯⋯⋯⋯⋯⋯⋯ 102
皂荚 ⋯⋯⋯⋯⋯⋯⋯⋯⋯⋯⋯⋯⋯ 075	斜叶榕 ⋯⋯⋯⋯⋯⋯⋯⋯⋯⋯⋯⋯ 103
铁刀木 ⋯⋯⋯⋯⋯⋯⋯⋯⋯⋯⋯⋯ 076	桑 ⋯⋯⋯⋯⋯⋯⋯⋯⋯⋯⋯⋯⋯⋯ 104

蝶形花科 Papilionaceae

冬青科 Aquifoliaceae

响铃豆 ⋯⋯⋯⋯⋯⋯⋯⋯⋯⋯⋯⋯ 077	枸骨 ⋯⋯⋯⋯⋯⋯⋯⋯⋯⋯⋯⋯⋯ 105
大猪屎豆 ⋯⋯⋯⋯⋯⋯⋯⋯⋯⋯ 078	铁冬青 ⋯⋯⋯⋯⋯⋯⋯⋯⋯⋯⋯⋯ 106

卫矛科 Celastraceae

猪屎豆 ⋯⋯⋯⋯⋯⋯⋯⋯⋯⋯⋯⋯ 079	南蛇藤 ⋯⋯⋯⋯⋯⋯⋯⋯⋯⋯⋯⋯ 107
大叶山蚂蝗 ⋯⋯⋯⋯⋯⋯⋯⋯⋯⋯ 080	扶芳藤 ⋯⋯⋯⋯⋯⋯⋯⋯⋯⋯⋯⋯ 108
多花木蓝 ⋯⋯⋯⋯⋯⋯⋯⋯⋯⋯ 081	冬青卫矛 ⋯⋯⋯⋯⋯⋯⋯⋯⋯⋯ 109

胡颓子科 Elaeagnaceae

椭圆叶木蓝 ⋯⋯⋯⋯⋯⋯⋯⋯⋯⋯ 082	蔓胡颓子 ⋯⋯⋯⋯⋯⋯⋯⋯⋯⋯ 110
胡枝子 ⋯⋯⋯⋯⋯⋯⋯⋯⋯⋯⋯⋯ 083	牛奶子 ⋯⋯⋯⋯⋯⋯⋯⋯⋯⋯⋯⋯ 111

葡萄科 Vitaceae

多花胡枝子 ⋯⋯⋯⋯⋯⋯⋯⋯⋯⋯ 084	异叶地锦 ⋯⋯⋯⋯⋯⋯⋯⋯⋯⋯ 112
美丽胡枝子 ⋯⋯⋯⋯⋯⋯⋯⋯⋯⋯ 085	地锦 ⋯⋯⋯⋯⋯⋯⋯⋯⋯⋯⋯⋯⋯ 113
三裂叶野葛 ⋯⋯⋯⋯⋯⋯⋯⋯⋯⋯ 086	

芸香科 Rutaceae

葛 ⋯⋯⋯⋯⋯⋯⋯⋯⋯⋯⋯⋯⋯⋯ 087	黄皮 ⋯⋯⋯⋯⋯⋯⋯⋯⋯⋯⋯⋯⋯ 114
葛麻姆 ⋯⋯⋯⋯⋯⋯⋯⋯⋯⋯⋯⋯ 088	小花山小橘 ⋯⋯⋯⋯⋯⋯⋯⋯⋯ 115
田菁 ⋯⋯⋯⋯⋯⋯⋯⋯⋯⋯⋯⋯⋯ 089	九里香 ⋯⋯⋯⋯⋯⋯⋯⋯⋯⋯⋯⋯ 116
灰毛豆 ⋯⋯⋯⋯⋯⋯⋯⋯⋯⋯⋯⋯ 090	簕欓花椒 ⋯⋯⋯⋯⋯⋯⋯⋯⋯⋯ 117

金缕梅科 Hamamelidaceae

楝科 Meliaceae

檵木 ⋯⋯⋯⋯⋯⋯⋯⋯⋯⋯⋯⋯⋯ 091	楝 ⋯⋯⋯⋯⋯⋯⋯⋯⋯⋯⋯⋯⋯⋯ 118
红花檵木 ⋯⋯⋯⋯⋯⋯⋯⋯⋯⋯ 092	

壳斗科 Fagaceae

无患子科 Sapindaceae

黧蒴锥 ⋯⋯⋯⋯⋯⋯⋯⋯⋯⋯⋯⋯ 093	茶条木 ⋯⋯⋯⋯⋯⋯⋯⋯⋯⋯⋯⋯ 119

榆科 Ulmaceae

	龙眼 ⋯⋯⋯⋯⋯⋯⋯⋯⋯⋯⋯⋯⋯ 120
狭叶山黄麻 ⋯⋯⋯⋯⋯⋯⋯⋯⋯⋯ 094	车桑子 ⋯⋯⋯⋯⋯⋯⋯⋯⋯⋯⋯⋯ 121
山黄麻 ⋯⋯⋯⋯⋯⋯⋯⋯⋯⋯⋯⋯ 095	栾树 ⋯⋯⋯⋯⋯⋯⋯⋯⋯⋯⋯⋯⋯ 122

清风藤科 Sabiaceae
柠檬清风藤 ………………………… 123

漆树科 Anacardiaceae
盐肤木 ……………………………… 124

五加科 Araliaceae
鹅掌柴 ……………………………… 125

杜鹃花科 Ericaceae
锦绣杜鹃 …………………………… 126
杜鹃 ………………………………… 127

柿科 Ebenaceae
柿树 ………………………………… 128

紫金牛科 Myrsinaceae
硃砂根 ……………………………… 129
大罗伞树 …………………………… 130
虎舌红 ……………………………… 131
酸藤子 ……………………………… 132
多脉酸藤子 ………………………… 133
白花酸藤果 ………………………… 134
网脉酸藤子 ………………………… 135
杜茎山 ……………………………… 136
鲫鱼胆 ……………………………… 137

山矾科 Symplocaceae
光叶山矾 …………………………… 138

马钱科 Loganiaceae
白背枫 ……………………………… 139
醉鱼草 ……………………………… 140
密蒙花 ……………………………… 141
灰莉 ………………………………… 142

木樨科 Oleaceae
白蜡树 ……………………………… 143
黄素馨 ……………………………… 144
野迎春 ……………………………… 145
小叶女贞 …………………………… 146
小蜡 ………………………………… 147
木樨 ………………………………… 148

夹竹桃科 Apocynaceae
酸叶胶藤 …………………………… 149
大花帘子藤 ………………………… 150
络石 ………………………………… 151

杠柳科 Periplocaceae
杠柳 ………………………………… 152

茜草科 Rubiaceae
水团花 ……………………………… 153
细叶水团花 ………………………… 154
栀子 ………………………………… 155
白蟾 ………………………………… 156
剑叶耳草 …………………………… 157
龙船花 ……………………………… 158
巴戟天 ……………………………… 159
鸡眼藤 ……………………………… 160
玉叶金花 …………………………… 161
鸡矢藤 ……………………………… 162
九节 ………………………………… 163
六月雪 ……………………………… 164
钩藤 ………………………………… 165
水锦树 ……………………………… 166

忍冬科 Caprifoliaceae
菰腺忍冬 …………………………… 167
忍冬 ………………………………… 168
大花忍冬 …………………………… 169
荚蒾 ………………………………… 170
蝶花荚蒾 …………………………… 171
珊瑚树 ……………………………… 172
半边月 ……………………………… 173

菊科 Compositae
黄花蒿 ……………………………… 174
三脉紫菀 …………………………… 175
野菊 ………………………………… 176
地胆草 ……………………………… 177
旋覆花 ……………………………… 178

千里光 …… 179	百合科 Liliaceae
蒲儿根 …… 180	蜘蛛抱蛋 …… 207
一枝黄花 …… 181	山麦冬 …… 208
蟛蜞菊 …… 182	沿阶草 …… 209
紫草科 Boraginaceae	麦冬 …… 210
破布木 …… 183	吉祥草 …… 211
旋花科 Convolvulaceae	菝葜科 Smilacaceae
多花丁公藤 …… 184	菝葜 …… 212
金钟藤 …… 185	土茯苓 …… 213
篱栏网 …… 186	棕榈科 Palmae
紫葳科 Bignoniaceae	短穗鱼尾葵 …… 214
凌霄 …… 187	仙茅科 Hypoxidaceae
猫尾木 …… 188	大叶仙茅 …… 215
木蝴蝶 …… 189	仙茅 …… 216
海南菜豆树 …… 190	兰科 Orchidaceae
爵床科 Acanthaceae	虾脊兰 …… 217
白接骨 …… 191	鹤顶兰 …… 218
板蓝 …… 192	禾本科 Gramineae
假杜鹃 …… 193	芦竹 …… 219
小驳骨 …… 194	狗牙根 …… 220
山牵牛 …… 195	牛筋草 …… 221
马鞭草科 Verbenaceae	白茅 …… 222
华紫珠 …… 196	淡竹叶 …… 223
杜虹花 …… 197	五节芒 …… 224
白花灯笼 …… 198	芒 …… 225
赪桐 …… 199	类芦 …… 226
垂茉莉 …… 200	铺地黍 …… 227
黄荆 …… 201	狼尾草 …… 228
荆条 …… 202	斑茅 …… 229
姜科 Zingiberaceae	棕叶芦 …… 230
小草蔻 …… 203	
草豆蔻 …… 204	参考文献 …… 231
艳山姜 …… 205	植物中文名索引 …… 233
竹芋科 Marantaceae	植物学名索引 …… 236
柊叶 …… 206	

紫萁 *Osmunda japonica* Thunb.

紫萁科 Osmundaceae
紫萁属 *Osmunda*

形态特征： 多年生常绿草本，高50～80cm或更高。根状茎短粗。叶簇生，纸质，直立，禾秆色，干后为棕绿色，幼时被密茸毛，后光滑无毛；叶片为三角广卵形，顶部一回羽状，下部为二回羽状；羽片3～5对，对生。孢子叶（能育叶）同营养叶等高，或常稍高，小羽片线形，沿中肋两侧背面密生孢子囊。

分布： 在我国暖温带、亚热带常见。北起山东，南达广东、广西，东自海边，西迄云南、贵州、四川西部，向北至秦岭南坡。生于林下或溪边酸性土中。也广泛分布于日本、朝鲜、印度北部。

习性： 喜湿润、半阴半阳的环境。

栽培： 孢子或分株繁殖。将孢子撒播在土壤表面并轻轻覆盖一层土，保持湿润。分株繁殖在春季或秋季进行，将植株的老根去除，保留新鲜芽和根种植在遮阴适中且排水良好的土壤中。

应用： 根系发达，覆盖效果好，是固土护坡的优良草本。其嫩叶可食。铁丝状的须根为附生植物的培养剂。

芒萁 *Dicranopteris pedata* (Houtt.) Nakaike
[*Dicranopteris dichotoma* (Thunb.) Berhn]

里白科 Gleicheniaceae
芒萁属 *Dicranopteris*

形态特征： 多年生常绿草本，高45～90（120）cm。根状茎横走，密被暗锈色长毛。叶棕禾秆色，光滑；叶轴被暗锈色毛，渐变光滑；腋芽小，卵形，密被锈黄色毛；各回分叉处两侧均各有一对托叶状的羽片，平展，宽披针形，等大或不等；侧脉两面隆起，小脉并行，直达叶缘。叶纸质，正面黄绿色或绿色，沿羽轴被锈色毛，后变无毛，背面灰白色，沿中脉及侧脉疏被锈色毛。孢子囊群圆形，一列，由5～8个孢子囊组成。

分布： 产长江以南各地。生于强酸性土的荒坡或林缘，在森林砍伐后或放荒后的坡地上常成优势群落。日本、印度、越南也有分布。

习性： 酸性土指示植物。喜光，耐旱，耐贫瘠。

栽培繁殖： 孢子或分株繁殖。孢子撒播后，保持湿润。分株繁殖在春季进行，切取根状茎，每段带3～4片叶，带土种植于土壤中，保持湿润。

应用： 根系发达，覆盖效果好，具水土保持作用，是优良的固土护坡草本植物。

姬蕨 *Hypolepis punctata* (Thunb.) Mett.

姬蕨科 Hypolepidaceae
姬蕨属 *Hypolepis*

形态特征： 多年生常绿草本。根状茎长而横走，密被棕色节状长毛。叶坚草质或纸质，干后黄绿色或草绿色，两面沿叶脉有短刚毛；叶片三至四回羽状深裂，顶部为一回羽状；羽片8～16对，下部1～2对，密生灰色腺毛，尤以腋间为多；叶轴、羽轴及小羽轴和叶柄同色，上面有狭沟，粗糙，有透明的灰色节状毛。孢子囊群圆形，生于小裂片基部两侧或上侧近缺刻处。

分布： 产福建、台湾、广东、贵州、云南南部及中部、四川、江西、浙江、安徽。生于海拔500～2300m溪边阴处。日本、印度、菲律宾、马来西亚、澳大利亚、新西兰、夏威夷群岛及热带美洲均有分布。

习性： 喜温暖湿润环境，生长适温15～25℃。

栽培繁殖： 孢子或分株繁殖。孢子撒播后，要保持湿润。分株繁殖在春季进行，切取根状茎，每段带2～3片叶，带土种植，保持湿润，容易成活。宜种植在排水良好、富含有机质的砂质土壤中。

应用： 根系发达，覆盖效果好，是优良的固土护坡草本植物。

半边旗 *Pteris semipinnata* L.

凤尾蕨科 Pteridaceae
凤尾蕨属 *Pteris*

形态特征：多年生常绿草本，高35~80（120）cm。根状茎长而横走，先端及叶柄基部被褐色鳞片。叶簇生，近一型；叶柄连同叶轴均为栗红色，有光泽；叶干后草质，灰绿色，无毛；叶片长圆状披针形，一回羽状分裂，顶部为羽状深裂；下部羽片具短柄，近对生，只一边为羽状分裂，故称"半边旗"。孢子囊群线形，沿裂片边缘连续着生，自裂片基部直达顶端，子囊群盖由多少变形的叶缘反卷而成，狭窄，膜质。

分布：产我国长江流域以南地。生于疏林下阴处、溪边或岩石旁的酸性土壤上，海拔850m以下。日本、东南亚各国、斯里兰卡及印度北部也有分布。

习性：喜阴湿生境，生长适宜温度为22~32℃。湿度在50%以上，最佳湿度在65%~80%。

栽培繁殖：繁殖方式一般为孢子繁殖。选取成熟的叶片，将叶片边缘成熟的孢子部分剪下来，用毛刷将孢子刷下收集。播种前用300mg/L的GA_3溶液处理孢子15分钟。育苗土常用配方为腐殖土、壤土、河沙按6∶2∶2的比例混合。育苗土必须过筛后拌匀，蒸汽灭菌后才能使用。待床土水分渗透后，将孢子粉均匀撒播于床面上，不要覆土，可稍稍淋水，使孢子与土面相接触。播后在床面覆盖地膜，保温保湿。成苗后栽培在偏酸性土至中性土上就能正常生长。

应用：根系发达，覆盖效果好，是优良的固土护坡草本植物。全草药用，有清热利湿、解毒消肿、凉血止血的功效。

凤尾蕨科 Pteridaceae —— 005

蜈蚣草 *Pteris vittata* L.

凤尾蕨科 Pteridaceae
凤尾蕨属 *Pteris*

别名： 蜈蚣凤尾蕨、蜈蚣蕨

形态特征： 多年生常绿草本，高30~100cm。根状茎直立，短而粗健，木质，密被蓬松的黄褐色鳞片。叶簇生；柄坚硬，深禾秆色至浅褐色，叶片倒披针状长圆形，一回羽状；顶生羽片与侧生羽片同形，互生或有时近对生，中部羽片最长，狭线形，不育的叶缘有微细而均匀的密锯齿，几乎全部羽片均能育。孢子囊群线形，囊群盖狭线形，膜质，黄褐色。

分布： 广布于我国热带和亚热带地区。生于海拔2000m以下的钙质土或石灰岩上，也常生于石隙或墙壁上，在不同的生境下，植株大小变异很大。在旧大陆其他热带及亚热带地区也分布很广。

习性： 喜光，耐旱，耐瘠薄，喜钙质土，为钙质土及石灰岩的指示植物，其生长地土壤的pH为7.0~8.0。

栽培繁殖： 分株与孢子繁殖。栽培时注意不要用酸性土壤。

应用： 石质边坡植被恢复的良好植物。

干旱毛蕨 *Cyclosorus aridus* (Don) Tagawa

金星蕨科 Thelypteridaceae
毛蕨属 *Cyclosorus*

形态特征：多年生常绿草本，高达1.4m。根状茎长而横生，连同叶柄基部疏生披针形棕色鳞片。叶柄淡褐禾秆色；叶片近革质，宽披针形，背面沿叶脉有短针状毛和淡黄色棒状腺体，二回羽裂；下部6~10对羽片逐渐缩小成小耳片，中部羽片披针形，基部平截；侧脉9~10对，下部2对结合，第3对至第6对均伸达缺刻下的透明膜。孢子囊群圆形，着生于侧脉中部；囊群盖小，膜质，鳞片状，淡棕色，无毛，宿存。

分布：分布于华东、西南及华南的广东、海南、广西。生于海拔150~1800m的沟边疏、杂木林下或河边湿地，往往成群丛，也分布于尼泊尔、印度、越南、菲律宾、印度尼西亚、马来西亚、澳大利亚及南太平洋岛屿。

习性：喜阴、喜湿，也耐阳。

栽培繁殖：分株与孢子繁殖。栽培时注意保湿。

应用：根系发达，是固土护坡的优良草本植物。入药主治细菌性痢疾、扁桃体炎等。

乌毛蕨 *Blechnum orientale* L.

乌毛蕨科 Blechnaceae
乌毛蕨属 *Blechnum*

形态特征： 多年生常绿草本，高0.5～2m。根状茎直立，粗短，木质，黑褐色，先端及叶柄下部密被鳞片；鳞片狭披针形，先端纤维状，全缘，中部深棕色或褐棕色，边缘棕色，有光泽。叶簇生于根状茎顶端，坚硬，基部往往为黑褐色，向上为棕禾秆色或棕绿色，无毛；叶片卵状披针形，一回羽状。孢子囊群线形，连续，紧靠主脉两侧，与主脉平行；囊群盖线形，开向主脉，宿存。

分布： 产广东、广西、海南、台湾、福建及西藏、四川、重庆、云南、贵州、湖南、江西、浙江。生长于海拔300～800m较阴湿的水沟旁及坑穴边缘，以及山坡灌丛中或疏林下。印度、斯里兰卡、东南亚、日本至波利尼西亚也有分布。

习性： 喜光也耐阴，耐高温多雨，适应性较广。酸性土指示植物，其生长土壤的pH为4.5～5.0。

栽培繁殖： 孢子繁殖和分株繁殖。

应用： 根系发达，可作园林绿化和边坡绿化。根状茎可药用，有清热解毒、活血散瘀、除湿健脾胃之功效。幼叶可食，富含维生素，是山野菜中的极品。

东方狗脊 *Woodwardia orientalis* Sw.

乌毛蕨科 Blechnaceae
狗脊属 *Woodwardia*

形态特征： 多年生常绿草本，高0.7~1m。根茎粗壮、横走，黑褐色，坚硬，于叶柄基部密被披针形鳞片。叶丛生；叶柄长而粗硬，基部密被鳞片；叶片为三角状长椭圆形，二回羽状分裂，革质，羽片主脉两侧各有网眼2~3行。孢子囊群近新月形或长椭圆形，先端略向外弯，着生于羽轴两侧的狭长网眼上，排列整齐，深陷叶肉内；囊群盖同形，厚膜质，隆起，开向主脉，宿存。

分布： 产台湾、浙江、江西、福建及广东。生于海拔约450m的林下或灌丛中，山坡或路旁。日本及菲律宾也有分布。

习性： 喜阴也耐阳。

栽培繁殖： 分株或孢子繁殖。选择富含腐殖质的山沟谷地或者林下的阴湿处进行种植。分株繁殖，通常在早春时节进行，从植株的根状茎上切割成2~3段，每段带上适量的不定根和叶片。

应用： 根系发达，繁殖能力强，可营造原生态景观，可用于边坡绿化。药用可祛风湿、补肝肾、强腰膝。

肾蕨 *Nephrolepis cordifolia* (L.) C. Presl
[*Nephrolepis auriculata* (L.) Trimen]

肾蕨科 Nephrolepidaceae
肾蕨属 *Nephrolepis*

形态特征：附生或土生。根状茎直立，有蓬松的淡棕色长钻形鳞片，下部有粗铁丝状的匍匐茎。叶柄呈暗褐色，略有光泽，上面有纵沟，下面是圆形；叶片线状披针形或狭披针形，叶脉明显，侧脉纤细，顶端还有纺锤形的水囊。孢子囊群成1行位于主脉两侧，肾形，少有为圆肾形或近圆形，故名肾蕨；囊群盖肾形，褐棕色，无毛。

分布：产浙江、福建、台湾、湖南、广东、海南、广西、贵州、云南和西藏。生于海拔30～1500m的溪边林下。广布于全世界热带及亚热带地区。

习性：喜温暖潮湿和半阴环境，不耐寒但也怕暑热，忌阳光直射。

栽培繁殖：分株与孢子繁殖，以分株繁殖为主。宜种植在含腐殖质多、排水良好的微碱性土中。

应用：优良的观赏蕨类。也可用于边坡植被恢复。块茎富含淀粉，可食。药用清热利湿、止咳通淋、消肿解毒。

夜香木兰 *Lirianthe coco* (Lour.) N. H. Xia & C. Y. Wu [*Magnolia coco* (Lour.) DC.]

木兰科 Magnoliaceae　长喙木兰属 *Lirianthe*

别名： 夜合花

形态特征： 常绿灌木或小乔木，高2~4m，全株各部无毛；树皮灰色，小枝绿色，平滑，稍具角棱而有光泽。叶革质，椭圆形、狭椭圆形或倒卵状椭圆形，先端长渐尖，基部楔形，叶面深绿色，有光泽，稍起波皱，边缘稍反卷，侧脉每边8~10条，网眼稀疏；托叶痕达叶柄顶端。花梗向下弯垂，具3~4苞片脱落痕。花期夏季，在广州几全年持续开花，果期秋季。

分布： 产浙江、福建、台湾、广东、广西、云南，生于海拔600~900m的林下湿润肥沃土壤。现广泛栽植于亚洲东南部。越南也有分布。

习性： 喜温暖湿润和有散射光照的环境，耐瘠薄，忌石灰质土壤。

栽培繁殖： 主要用压条、嫁接和扦插繁殖。嫁接常以紫玉兰、火力楠、木莲等为砧木；压条宜在早春天气转暖后或秋天进行，生根后移入苗圃育成大苗，方可定植。扦插宜在1~2年生幼苗上剪穗进行沙插，成活率可达90%。宜种植在肥沃疏松、微酸性的砂质土壤。

应用： 传统的园林香花植物，也是良好的边坡绿化植物。花可提取香精，根皮入药，能散瘀除湿，治风湿跌打，花治淋浊带下。

含笑花 *Michelia figo* (Lour.) Spreng

木兰科 Magnoliaceae
含笑属 *Michelia*

形态特征： 常绿灌木，高2~3m。树皮灰褐色，分枝繁密；芽、嫩枝、叶柄、花梗均密被黄褐色茸毛。叶革质，狭椭圆形或倒卵状椭圆形，托叶痕长达叶柄顶端。花直立，淡黄色而边缘有时红色或紫色，具甜浓的芳香，花被片6，肉质，较肥厚，长椭圆形。聚合果蓇葖卵圆形或球形，顶端有短尖的喙。花期3~6月，果期8~9月。

分布： 原产华南南部各地，广东鼎湖山有野生，生于阴坡杂木林中，溪谷沿岸生长尤为茂盛。现广植于全国各地。

习性： 喜温暖湿润气候，耐半阴，不耐寒，不耐暴晒，不耐干旱和瘠薄，怕积水。

栽培繁殖： 扦插、嫁接、播种或压条繁殖。扦插于6月花谢后进行。嫁接可用黄兰作砧木，于3月上中旬腹接或枝接。播种于11月将种子沙藏，至翌春种子裂口后盆播。压条于5月上旬进行。宜种植在排水良好、肥沃的微酸性壤土。

应用： 良好的园林绿化和边坡绿化植物。花瓣可拌入茶叶制成花茶，亦可提取芳香油和供药用。

假鹰爪 *Desmos chinensis* Lour.

番荔枝科 Annonaceae
假鹰爪属 *Desmos*

形态特征：直立或攀缘灌木，高达4m。除花外，全株无毛。叶薄纸质或膜质，长圆形或椭圆形，少数为阔卵形。花黄白色，单朵与叶对生或互生。外轮花瓣比内轮花瓣大，长圆形或长圆状披针形，两面被微柔毛；内轮花瓣长圆状披针形，两面被微毛。果有柄，念珠状。花期夏至冬季，果期6月至翌年春季。

分布：产我国东南部至西南部。生于丘陵山坡、林缘灌木丛中或低海拔旷地、荒野及山谷等地。印度次大陆和东南亚等地也有分布。

习性：喜高温高湿气候，喜弱光，不耐寒冷，不耐长期积水。

栽培繁殖：播种、压条或扦插繁殖，均易成活，但以播种繁殖为主。定植前应基施腐熟堆肥，当植株开始生长，应立支柱或设花架、墙垣。花果期可适度修剪以利分枝，并随时去除徒长枝。宜种植在排水良好、肥沃的土壤。

应用：良好的园林绿化和边坡绿化植物。根、叶可药用，主治风湿骨痛、产后腹痛、跌打、皮癣等。海南民间用其叶制酒饼，故有"酒饼叶"之称。

阴香 *Cinnamomum burmannii* (Nees et T. Nees) Blume

樟科 Lauraceae
樟属 *Cinnamomum*

形态特征： 常绿乔木，高约14m。树皮光滑，灰褐色至黑褐色，内皮红色，味似肉桂。叶革质，互生或近对生，长5～11cm，卵圆形、长圆形至披针形，革质，具离基三出脉。圆锥花序腋生或近顶生，比叶短，少花，疏散，最末分枝为3花的聚伞花序。花绿白色，长约5mm；花被筒短小，倒锥形，花丝稍长于花药。果卵球形，长约8mm，宽5mm。花期主要在秋、冬季，果期主要在冬末及春季。

分布： 产我国湖北西部、四川东部、贵州西南部、广西及云南东南部。生于海拔100～1400m（在云南境内海拔可高达2100m）河边山坡灌丛中。印度至印度尼西亚也有分布。

习性： 喜光，稍耐阴，喜暖热湿润气候。自播力强，母株附近常有天然苗生长。适应范围广，中亚热带以南地区均能生长良好。

栽培繁殖： 用播种繁殖，宜即采即播，堆沤数天，待果肉充分软化后，用冷水浸渍，搓去果皮，清水冲去果肉，摊开晾干。幼苗期适当遮阴，防日灼。宜种植在排水良好、深厚肥沃的砂质壤土。

应用： 良好的园林绿化和边坡绿化植物。

山鸡椒 *Litsea cubeba* (Lour.) Pers.

樟科 Lauraceae
木姜子属 *Litsea*

别名： 山苍子、木姜子

形态特征： 落叶灌木或小乔木，高8~10m；幼树树皮黄绿色，光滑，老树树皮灰褐色。小枝细长，绿色，无毛，枝、叶具芳香味。叶互生，披针形或长圆形，纸质，正面深绿色，背面粉绿色，两面均无毛。伞形花序单生或簇生；每一花序有花4~6朵，先叶开放或与叶同时开放。果近球形，幼时绿色，成熟时黑色。花期2~3月，果期7~8月。

分布： 产广东、广西、福建、台湾、浙江、江苏、安徽、湖南、湖北、江西、贵州、四川、云南、西藏。生于海拔500~3200m向阳的山地、灌丛、疏林或林中路旁、水边。东南亚各国也有分布。

习性： 喜光，喜温暖湿润环境。

栽培繁殖： 播种繁殖和插条繁殖。8月底至9月初采收充分成熟的果实，采收后先用清水浸泡，然后搓洗除去外果皮，阴干后再用草木灰浸泡，除去内果皮上的蜡层，阴干后在室内用湿沙层积贮藏。经冬藏催芽，播种后30天左右即可发芽。插条繁殖的插穗一般用1年生枝条。宜植于排水良好、pH 4.5~6.0的酸性红壤、黄壤以及山地黄棕壤中。

应用： 良好的经济林植物，适宜于边坡种植。

潺槁木姜子 *Litsea glutinosa* (Lour.) C. B. Rob.

樟科 Lauraceae
木姜子属 *Litsea*

别名：潺槁树

形态特征：常绿乔木，高达15m。树皮光滑，呈灰色。叶互生，椭圆形，革质，叶面深绿色，有光泽，叶背淡绿色，先端钝或圆，幼时两面均有毛，老时上面仅中脉有毛；羽状脉，侧脉8～12对，边全缘。伞形花序腋生，初夏时繁花满树；花细小，腋生，淡黄色，芳香。果实为球形浆果，成熟时深褐色至黑色。花期5～6月，果期9～10月。

分布：产云南、广西、广东、福建。常见于海拔500～1900m的疏林、灌木丛及海边地带。印度、缅甸、越南、菲律宾等地也有分布。

习性：喜光，喜温暖至高温湿润气候，耐干旱，耐瘠薄，不耐寒，对土质要求不严，抗风，抗污染。

栽培繁殖：播种繁殖。种子宜随采随播，或沙藏至春季播种。栽培土质以壤土或砂质壤土为佳。排水需良好，光照要充足。

应用：良好的园林绿化和边坡绿化植物。树皮和木材含胶质，可作黏合剂。

丝铁线莲 *Clematis filamentosa* Dunn

毛茛科 Ranunculaceae
铁线莲属 *Clematis*

别名：甘木通

形态特征：多年生木质藤本。茎圆柱形，光滑无毛，三出复叶，无毛；小叶片纸质或薄革质，卵圆形、宽卵圆形至披针形，顶端钝圆，基部宽楔形、圆形或亚心形，基出掌状脉上面微凸，下面显著隆起，叶柄上部柱状，基部上面有沟槽；小叶柄圆柱形。腋生圆锥花序或总状花序，花梗在幼时有棕色茸毛，萼片白色，窄卵形或卵状披针形，顶端钝圆；雄蕊外轮较长，花丝线形，花柱有短柔毛。瘦果狭卵形，常偏斜。花期11～12月，果期翌年1～2月。

分布：产云南东部、广西、广东中部及海南等地。常生于海拔500～1600m的溪边、山谷的密林及灌丛中、近水边或较潮湿的地区，攀缘于其他树上。

习性：喜光，耐寒，耐旱，不耐暑热强光，不耐水渍。

栽培繁殖：播种、压条、嫁接、分株或扦插繁殖。主要采用扦插繁殖。一般在夏、秋季进行，插穗选择无病虫害、健壮、芽饱满、粗细基本一致的枝条。对水分敏感，不能过干或过湿，生长期一般每3～4天浇1次透水。宜植于深厚肥沃、排水良好的碱性壤土及轻砂质壤土。

应用：优良的园林绿化和边坡绿化植物。叶供药用，对治疗高血压及冠心病有较好的疗效。

木通 *Akebia quinata* (Houtt.) Decne.

木通科 Lardizabalaceae
木通属 *Akebia*

别名： 野木瓜

形态特征： 落叶缠绕木质藤本。掌状复叶互生或簇生在短枝上，通常有小叶5片，偶有3~4片或6~7片；叶柄细长，纸质，倒卵形或长椭圆形，表面深绿色，背面绿白色。花紫红色，雌雄同株，为腋生总状花序，生于短侧枝。果孪生或单生，长圆形或椭圆形，成熟时紫色，腹缝开裂；种子多数，卵状长圆形，略扁平，不规则地多行排列，着生于白色、多汁的果肉中，种皮褐色或黑色，有光泽。花期4~5月，果期6~8月。

分布： 产于长江流域各地。生于海拔300~1500m的山地灌木丛、林缘和沟谷中。日本和朝鲜亦有分布。

习性： 喜温暖气候，喜半阴环境，不耐寒。

栽培繁殖： 多用播种繁殖，也可压条、嫁接、分株或扦插繁殖。播种繁殖于10月上中旬进行，选择软熟或已经开口的果实采种。将采摘来的浆果及时水洗搓去果肉，用湿润河砂，在10~11月室温条件下储藏30~35天，让种子完成形态后熟作用和层积发芽。待种胚突破种皮能见种芽后，选择晴天播种。扦插繁殖一般在夏、秋季进行，插穗选择无病虫害、健壮、芽饱满、粗细基本一致的枝条。对水分敏感，不能过干或过湿，生长期一般每3~4天浇1次透水。宜植于湿润、富含腐殖质、排水良好的酸性土壤。

应用： 优良的园林绿化和边坡绿化植物。茎、根和果实药用，利尿、通乳、消炎，治风湿关节炎和腰痛；果味甜可食，种子榨油，可制肥皂。

南天竹 *Nandina domestica* Thunb.

小檗科 Berberidaceae
南天竹属 *Nandina*

形态特征： 常绿小灌木，高1~3m。茎常丛生而少分枝，幼枝常为红色，老后呈灰色。叶互生，三回羽状复叶；二至三回羽片对生；小叶薄革质，椭圆形或椭圆状披针形，全缘，叶深绿色，冬季变红色。圆锥花序直立；花小，白色，具芳香；花瓣长圆形。浆果球形，熟时鲜红色。花期3~6月，果期5~11月。

分布： 产于秦岭以南各地。生于山地林下沟旁、路边或灌丛中，海拔1200m以下。日本也有分布。北美东南部有栽培。

习性： 喜温暖、多湿和通风良好的半阴环境。较耐寒，耐旱，耐弱碱，强光下叶色变红。生长适温20℃左右，冬季温度要求较严格，温度低于8℃时停止生长。

栽培繁殖： 以播种、分株繁殖为主，也可扦插。可于果实成熟时随采随播，也可春播。分株宜在春季萌芽前或秋季进行。扦插宜在新芽萌动前或夏季新梢停止生长时进行。宜植于肥沃、排水良好的砂质壤土。

应用： 良好的园林绿化和边坡绿化植物。根、叶具有强筋活络、消炎解毒之效，果可制镇咳药。

华南胡椒 *Piper austrosinense* Tseng

胡椒科 Piperaceae
胡椒属 *Piper*

形态特征： 木质攀缘藤本。枝有纵棱，节上生根。叶片厚纸质，无明显腺点，花枝下部的叶阔卵形或卵形，顶端短尖，基部通常心形，两侧相等，上部的叶卵形、狭卵形或卵状披针形，网状脉明显；叶鞘长为叶柄之半或略短。花单性，雌雄异株，雄花序圆柱形，顶端钝，白色，总花梗与花序近等长；苞片与雄花序的相同；子房基部嵌生于花序轴中，柱头3~4，被茸毛。浆果球形。花期4~6月。

分布： 产于广西东南部、广东、海南及南部沿海岛屿。生于海拔100~350m的密林或疏林中，攀缘于树上或石上。

习性： 喜高温、潮湿、静风的环境。

栽培繁殖： 播种或扦插繁殖。主要采用扦插繁殖。插穗选择无病虫害、健壮、芽饱满、粗细基本一致的枝条。扦插期间要注意保持苗床湿润，生长期一般每3~4天浇1次透水。待幼苗长到10~15cm、有3~5对叶子后，即可移苗。宜选结构良好、易于排水、土层深厚、较为肥沃、微酸性或中性的砂壤土种植。

应用： 良好的边坡绿化植物。全草药用，可消肿、止痛，主要用于治疗牙痛、跌打损伤。

山蒟 *Piper hancei* Maxim.

胡椒科 Piperaceae
胡椒属 *Piper*

形态特征： 攀缘藤本，长数米至10余米；节上生根。除花序轴和苞片柄外，均无毛；叶片纸质或近革质，顶端短尖或渐尖，基部渐狭或楔形，网状脉通常明显；叶鞘长约为叶柄之半。花单性，雌雄异株，聚集成与叶对生的穗状花序；总花梗与叶柄等长或略长，苞片近圆形，花丝短。浆果球形，黄色。花期3～8月。

分布： 产浙江、福建、江西南部、湖南南部、广东、广西、贵州南部及云南东南部。生于山地溪涧边、密林或疏林中，攀缘树上或石上。

习性： 喜阴湿、郁闭度适中的环境，耐贫瘠。

栽培繁殖： 播种或扦插繁殖。主要采用扦插繁殖。插穗选择无病虫害、健壮、芽饱满、粗细基本一致的枝条。扦插期间要注意保持苗床湿润，生长期一般每3～4天浇1次透水。待幼苗长到10～15cm、有3～5对叶子后，即可移苗。宜植于潮湿、肥沃的酸性土壤。

应用： 良好的边坡绿化植物。茎、叶药用，治风湿、咳嗽、感冒等。

假蒟 *Piper sarmentosum* Roxb.

胡椒科 Piperaceae
胡椒属 *Piper*

别名：假蒌

形态特征： 多年生、匍匐、逐节生根草本，长数米至10余米。小枝近直立。叶近膜质，下部的叶阔卵形或近圆形，顶端短尖，基部心形或稀有截平；叶脉背面显著凸起，最上1对离基从中脉发出，网状脉明显；上部的叶小，卵形或卵状披针形；叶鞘长约为叶柄之半。花单性，雌雄异株，聚集成与叶对生的穗状花序。浆果近球形，具4角棱，无毛，基部嵌生于花序轴中，并与其合生。花期4～11月。

分布： 产福建、广东、广西、云南、贵州及西藏（墨脱）各地。生于林下或村旁湿地上。印度、越南、马来西亚、菲律宾、印度尼西亚、巴布亚新几内亚也有分布。

习性： 喜温暖、湿润环境，喜光，也较耐阴，耐热、不耐寒，对土质要求不高。

栽培繁殖： 可用扦插、压条、播种繁殖，以扦插繁殖为主。选取当年生半木质化的健壮枝茎，保留2～3个节，剪成长10～15cm的插条，下端剪成斜口。苗床宽1.2m、高30cm左右，基质以中粒河砂为主要材料。扦插前用0.2%的高锰酸钾溶液喷淋苗床消毒，用生根剂处理可提高成活率。扦插深度为插条长度的1/3～1/2，插完后马上淋足水，保持苗床湿润。苗床地温保持在20～26℃，如气温低，可覆盖塑料薄膜防寒。1月扦插时注意防雨保温；7月扦插时注意保湿降温。扦插后2个月左右，待幼苗长到10～15cm，有3～5对叶子后即可移苗。

应用： 良好的园林地被和边坡绿化植物。嫩叶可食用。根治风湿骨痛、跌打损伤、风寒咳嗽、妊娠和产后水肿；果序治牙痛、胃痛、腹胀、食欲不振等。

草珊瑚 *Sarcandra glabra* (Thunb.) Nakai

金粟兰科 Chloranthaceae
草珊瑚属 *Sarcandra*

形态特征：常绿半灌木，高50～120cm。茎节膨大，木质部无导管，仅具管胞。单叶，革质，对生，椭圆形、卵形至卵状披针形，边缘具粗锐锯齿，齿尖有一腺体，两面无毛；叶柄基部合生成鞘状；托叶钻形。穗状花序顶生，通常分枝，多少呈圆锥花序状；苞片三角形；花黄绿色；雄蕊棒状至圆柱状，生于药隔上部之两侧。核果球形，熟时亮红色。花期6月，果期8～10月。

分布：产安徽、浙江、江西、福建、台湾、广东、广西、湖南、四川、贵州和云南。生于海拔420～1500m的山坡、沟谷林下阴湿处。朝鲜、日本、马来西亚、菲律宾、越南、柬埔寨、印度、斯里兰卡也有分布。

习性：喜温暖湿润、阴凉的气候环境，忌强光直射和高温干燥，忌贫瘠、板结、易积水的黏重土壤。

栽培繁殖：可采用播种、分株和扦插繁殖。分株繁殖宜在早春或晚秋进行。先将植株地上部分离地面10cm处割下入药或作为扦插材料，然后挖起根蔸，按茎秆分割成带根系的小株，按株行距20cm×30cm直接栽植大田。栽植后需连续浇水，保持土壤湿润。成活后注意除草、施肥。宜植于腐殖质层深厚、疏松肥沃、微酸性的砂壤土。

应用：良好的园林地被和边坡绿化植物。全株供药用，能清热解毒、祛风活血、消肿止痛、抗菌消炎。

红蓼 *Polygonum orientale* L.

蓼科 Polygonaceae
蓼属 *Polygonum*

形态特征： 一年生草本。茎直立，粗壮，高1～2m，上部多分枝，密被开展的长柔毛。叶宽卵形、宽椭圆形或卵状披针形，顶端渐尖，基部圆形或近心形，边缘全缘，密生缘毛，两面密生短柔毛，叶脉上密生长柔毛；叶柄具开展的长柔毛；托叶鞘被长柔毛，通常沿顶端具草质、绿色的翅。总状花序呈穗状，顶生或腋生，微下垂，通常数个再组成圆锥状；花被5深裂，淡红色或白色。瘦果近圆形，包于宿存花被内。花期6～9月，果期8～10月。

分布： 除西藏外，广布于全国各地，野生或栽培。生于海拔30～2700m的沟边湿地、村边路旁。朝鲜、日本、菲律宾、印度、欧洲和大洋洲也有分布。

习性： 喜温暖湿润环境，要求光照充足。其适应性很强，对土壤要求不严，也能耐瘠薄。喜水又耐干旱，常在山谷、路旁、田埂、河川两岸的草地及河滩湿地上成片生长。

栽培繁殖： 播种繁殖。每年秋季9～10月采种，采收后将种子去皮，阴干，然后贮存于密闭干燥处。翌年春季3月开始播种育苗。宜在肥沃、湿润、疏松的土壤中种植。

应用： 优良的园林观赏和边坡绿化植物。果实入药，名"水红花子"，有活血、止痛、消积、利尿功效。

紫薇 *Lagerstroemia indica* L.

千屈菜科 Lythraceae
紫薇属 *Lagerstroemia*

形态特征：落叶灌木或小乔木，高可达7m；树皮薄片状，剥落后光滑。枝干多扭曲，小枝纤细，具4棱，略成翅状。单叶对生或上部叶互生，纸质，椭圆形、阔矩圆形或倒卵形，顶端短尖或钝形，基部阔楔形或近圆形。顶生圆锥花序，萼6裂；花瓣6，花粉红色或紫色、白色，三角形；雄蕊多数。蒴果近球形。花期6～9月，果期9～12月。

分布：产长江流域以南各地。生于山坡疏林灌丛中。热带、亚热带地区广泛种植。

习性：喜光而稍耐阴，喜温暖、湿润气候，耐旱，耐寒，抗污染。

栽培繁殖：可采用播种、分株、扦插繁殖。大苗移植要带土球，并适当修剪枝条，否则成活率较低。宜在肥沃湿润的土壤上种植。

应用：优良的园林绿化和边坡绿化植物，也是岭南盆景常见应用优良树种。树皮、叶及花为强泻剂；根和树皮煎剂可治咯血、吐血、便血。

土沉香 *Aquilaria sinensis* (Lour.) Spreng.

瑞香科 Thymelaeaceae
沉香属 *Aquilaria*

别名： 白木香

形态特征： 常绿乔木，高可达15m。树皮暗灰色，几平滑，纤维坚韧，易剥离；叶革质，圆形、椭圆形至长圆形，有时近倒卵形，正面暗绿色或紫绿色，背面淡绿色，两面均无毛，边缘有时被稀疏的柔毛；叶柄被毛。伞形花序有花，花芳香，黄绿色，萼筒浅钟状，裂片卵形，花瓣鳞片状，着生于花萼筒喉部，花药长圆形，子房卵形。蒴果果梗短，卵球形，种子褐色。花期春夏，果期夏秋。

分布： 产广东、海南、广西、福建。喜生于低海拔的山地、丘陵以及路边向阳疏林中。

习性： 喜温暖湿润气候，耐短期霜冻，耐旱，幼龄树耐阴，成龄树喜光。抗风。生长迅速，萌蘖力强，树皮剥离后也能再生。

栽培繁殖： 播种繁殖。育苗移栽法，以追施人畜粪水和复合肥为主。在冬季植株进入休眠或半休眠期，要把瘦弱、病虫、枯死、过密等枝条剪掉。在瘠薄的土壤上生长缓慢，长势差，不利于结香。宜植于土层深厚、腐殖质多的湿润而疏松的砖红壤或山地黄壤中。

应用： 优良的园林绿化和边坡绿化树种。我国特有珍贵药材，药名"沉香"，茎皮为制蜡纸、钞票纸等原料，种子油供制肥皂和润滑油。

海桐 *Pittosporum tobira* (Thunb.) W. T. Aiton

海桐花科 Pittosporaceae
海桐花属 *Pittosporum*

形态特征：常绿灌木或小乔木，高1～6m。嫩枝被褐色柔毛，有皮孔。叶革质，聚生于枝顶，倒卵形或倒卵状披针形，顶端圆，基部渐狭。伞形花序或伞房状伞形花序顶生或近顶生，花白色，有芳香，后变黄色。蒴果圆球形，有棱或呈三角形。花期3～5月，果熟期9～10月。

分布：产长江以南滨海各地，多为栽培供观赏；亦见于日本及朝鲜。

习性：喜光，喜温暖湿润气候，稍耐阴，萌发力强，耐修剪，抗海风和二氧化碳等有害气体。对栽培土质要求不严，耐轻微盐碱。

栽培繁殖：播种或扦插繁殖。3月中旬播种，用条播法，种子发芽率约50%。扦插于早春新叶萌动前剪取1～2年生嫩枝，截成15cm，插入湿沙床内，稀疏光照，喷雾保湿，约20天可生根。宜在肥沃、湿润的土壤中种植。

应用：优良的园林绿化和边坡绿化植物。

浙江红山茶 *Camellia chekiangoleosa* Hu

山茶科 Theaceae
山茶属 *Camellia*

别名： 红花油茶

形态特征： 小乔木，高6m。嫩枝无毛；叶革质，椭圆形或倒卵状椭圆形，长8~12cm，宽2.5~5.5cm。花红色，顶生或腋生单花，直径8~12cm，无柄。蒴果卵球形，果宽5~7cm，先端有短喙；种子每室3~8粒，长2cm。花期4月。

分布： 产福建、江西、湖南、浙江。海拔500~1100m的山地。

习性： 喜温凉湿润的环境。

栽培繁殖： 扦插繁殖和嫁接繁殖。采用单叶短枝扦插法，取材简便，成活率高，效果好。砧木以油茶为主，10月采种，冬季沙藏，翌年4月上旬播种，待苗长至4~5cm，即可用于嫁接。宜在排水良好、通透性好、腐殖质含量较高、湿润疏松的土壤中种植。

应用： 优良的观赏、油用、药用和边坡绿化植物。

油茶 *Camellia oleifera* Abel

山茶科 Theaceae
山茶属 *Camellia*

形态特征： 小乔木或灌木。幼枝被粗毛；叶革质，椭圆形或倒卵形，先端钝尖，基部楔形，下面中脉被长毛，具细齿，叶柄被粗毛；花顶生，革质，宽卵形，花瓣白色，倒卵形，雄蕊花丝近离生。蒴果球形。花期10月至翌年2月，果期翌年9～10月。

分布： 从长江流域到华南各地广泛栽培，是主要的木本油料作物。长期栽培，变化较多，花大小不一，蒴果3室或5室，花丝亦出现连生的现象。海南800m以上的原生森林有野生种，呈中等乔木状。

习性： 喜光，喜温暖，不耐寒。

栽培繁殖： 播种繁殖和嫁接繁殖。宜在土层深厚、疏松的酸性土壤中种植。

应用： 优良的油用、药用和边坡绿化植物。

山茶科 Theaceae — 029

茶梅 *Camellia sasanqua* Thunb.

山茶科 Theaceae
山茶属 *Camellia*

形态特征： 灌木或小乔木，嫩枝有毛。叶革质，椭圆形，先端短尖，基部楔形，有时略圆，正面干后深绿色，发亮，背面褐绿色，无毛，侧脉5~6对，在正面不明显，在背面能见，网脉不显著；边缘有细锯齿，稍被残毛。花大小不一；苞及萼片6~7，被柔毛；花瓣6~7片，阔倒卵形，近离生，大小不一，红色；雄蕊离生，子房被茸毛。蒴果球形，果爿3裂，种子褐色，无毛。

分布： 日本多栽培，我国有栽培。

习性： 喜温暖湿润气候，喜光而稍耐阴，忌强光。较耐寒，怕热，生长适温18~25℃。

栽培繁殖： 扦插繁殖。采用单叶短枝扦插法，取材简便，成活率高，效果好。宜在排水良好、富含腐殖质、湿润的微酸性土壤中种植。

应用： 优良的园林观赏植物和边坡绿化植物。

南山茶 *Camellia semiserrata* C. W. Chi
[*Camellia multiperulata* H. T. Chang]

山茶科 Theaceae
山茶属 *Camellia*

别名：广宁油茶

形态特征：小乔木，高8～12m。胸径可达50cm；幼枝无毛；叶革质，椭圆形，先端稍骤尖，基部宽楔形，两面无毛，网脉不明显，中上部具齿，叶柄粗。花顶生，红色，无梗；苞片或萼片半圆形或圆形，被短绢毛，花后脱落；花瓣倒卵圆形，外轮花丝连成花丝筒。蒴果卵球形，红色，果皮厚木质。花期12月至翌年2月，果期翌年10月。本种是我国栽培的红花油茶种类中果实最大、果壳最厚的种类。

分布：产广东西江一带及广西的东南部，海拔200～350m的山地。

习性：喜温暖、湿润，适宜生长于半荫蔽环境，最适温度18～24℃，相对湿度70%～80%。怕涝、怕强风。

栽培繁殖：多用靠接法繁殖和播种繁殖。靠接法一般于5月用油茶或山茶花作砧木进行。宜在腐殖质丰富、排水良好的酸性土壤中种植。

应用：优良的观赏、油用、药用和边坡绿化植物。

岗松 *Baeckea frutescens* L.

桃金娘科 Myrtaceae
岗松属 *Baeckea*

形态特征： 灌木，有时为小乔木。嫩枝纤细，多分枝。叶小，无柄或有短柄，叶片狭线形或线形，先端尖，正面有沟，背面突起，有透明油腺点，干后褐色，中脉1条，无侧脉。花小，白色，单生于叶腋内；苞片早落；萼管钟状，萼齿5，细小三角形，先端急尖；花瓣圆形，分离，基部狭窄成短柄；雄蕊10枚或稍少，成对与萼齿对生；子房下位，花柱短，宿存。蒴果小；种子扁平，有角。花期7～8月，果期9～11月。

分布： 产福建、广东、广西及江西等地。生于低丘及荒山草坡与灌丛中，是酸性土指示植物。分布于东南亚各地。

习性： 喜高温、湿润、向阳之地，生长适宜温度为22～32℃，湿度为70%～100%，生长缓慢，耐热、耐旱、耐风。

栽培繁殖： 播种、扦插繁殖。播种育苗须使用黄心土，其成活率显著高于河沙土。当植株开始抽新芽时，尽量贴近枝条基部剪取6～8cm木质化绿枝作为插穗，插穗下端剪为斜口状。穗条只保留上部3cm叶片稍做短剪，其余叶片全部剪去。栽培介质以腐殖土或砂质壤土为佳。

应用： 根系发达，是良好的护坡固土植物。叶含小茴香醇等，供药用，治黄疸、膀胱炎，外洗治皮炎及湿疹。岗松香油能用于化妆品等。

桃金娘 *Rhodomyrtus tomentosa* (Ait.) Hassk.

桃金娘科 Myrtaceae
桃金娘属 *Rhodomyrtus*

别名：岗稔

形态特征：灌木，高1～2m。叶对生，革质，叶片椭圆形或倒卵形，先端圆或钝，基部阔楔形，离基三出脉，直达先端且相结合，网脉明显。花单生，淡紫色或粉红色至白色，花期长，花多而密，中央衬以红色的雄蕊。花瓣5，倒卵形。浆果卵状壶形，熟时紫黑色；种子每室2列。花期4～5月，果期9～10月。

分布：产广东、广西、江西、福建、台湾、云南、贵州及湖南。生于丘陵坡地，为酸性土指示植物。中南半岛、菲律宾、日本、印度、斯里兰卡、马来西亚及印度尼西亚等地也有分布。

习性：喜温暖、湿润和阳光充足的环境，耐炎热，稍耐阴，但开花结实会减少。耐干旱，耐瘠薄，不耐水湿。

栽培繁殖：播种繁殖，宜即采即播。9～10月果实转为紫色时即可采集。采收的果实洗净后即可播种，如要晾干储藏，需用湿润细沙与种子混合存放，播种前需催芽处理，用40～50℃的温水浸种3～5小时，在光照充足的条件下，可以提高种子发芽率。出苗前适当遮阴保温。宜在肥沃、深厚、疏松的酸性山地土壤中种植。

应用：优良的园林观赏、山坡复绿、水土保持植物。果可食、入药，有养血止血、涩肠固精的功效。根含酚类、鞣质等，有治慢性痢疾、风湿、肝炎及降血脂等功效。

乌墨 *Syzygium cumini* (L.) Skeels

桃金娘科 Myrtaceae
蒲桃属 *Syzygium*

别名： 海南蒲桃

形态特征： 乔木，高15m。叶片革质，阔椭圆形至狭椭圆形，两面多细小腺点，侧脉多而密，背面突起。圆锥花序腋生或生于花枝上，偶有顶生，有短花梗，花白色，3～5朵簇生；萼管倒圆锥形，萼齿很不明显；花瓣4，卵形略圆；花柱与雄蕊等长。核果状浆果，椭圆或卵圆形，熟时由紫红色变紫黑色，果皮多汁如墨，故名乌墨；种子1颗，状似落花生种子。花期3～6月，果熟期7～8月。

分布： 产台湾、福建、广东、广西、云南等地。常见于海拔50～800m的平地次生林及荒地上。分布于中南半岛、马来西亚、印度、印度尼西亚、澳大利亚等地。

习性： 喜光、喜水、喜深厚肥沃土壤，干湿季生长明显，能耐-5℃低温，适应性强，对土壤要求不严，无论酸性土或石灰岩土都能生长。根系发达，主根深，抗风力强，耐火，萌芽力强，速生。

栽培繁殖： 播种繁殖。宜采回成熟果实去皮，略微阴干后即播，不宜日晒和贮藏。亦可用扦插法或高压法繁殖，春季为最适期。营养袋苗春季种植。园林绿化宜用胸径约5cm的中苗截干栽植，易于成活快速成景。

应用： 优良的园林绿化和边坡绿化植物。果皮多汁，味甜可食。招鸟树种。

蒲桃 *Syzygium jambos* (L.) Alston

桃金娘科 Myrtaceae
蒲桃属 *Syzygium*

形态特征： 乔木，高10m。主干极短，广分枝；小枝圆形。叶片革质，披针形或长圆形，先端长渐尖，基部阔楔形，叶面多透明细小腺点，侧脉背面具明显突起，网脉明显。聚伞花序顶生，有花数朵，花白色；萼管倒圆锥形；花瓣分离，阔卵形；花柱与雄蕊等长。果实球形，果皮肉质，直径3～5cm，成熟时黄色，有油腺点。花期3～4月，果熟期5～6月。

分布： 产台湾、福建、广东、广西、贵州、云南等地。喜生于河边及河谷湿地。华南常见栽培供食用。分布于中南半岛、马来西亚、印度尼西亚等地。

习性： 喜光，适应性强，耐瘠薄和高温干旱，各种土壤均能栽种，多生长于水边及河谷湿地，生长迅速。抗风性强，抗大气污染。

栽培繁殖： 采用播种繁殖、扦插繁殖和嫁接繁殖。种子有后熟现象，鲜播发芽率低。嫁接可全年进行，雨天嫁接成活率较低。裸根苗种植需蘸浆保护。在沙土上种植生长良好，以肥沃、深厚和湿润的土壤为佳。

应用： 根系发达，为营造护岸固堤林、水土保持林、水源涵养林的优良树种。蜜源植物。果可食。

香蒲桃 *Syzygium odoratum* DC.

桃金娘科 Myrtaceae
蒲桃属 *Syzygium*

形态特征： 常绿灌木或小乔木，高可达10m。嫩叶红色，叶片革质，卵状披针形或卵状长圆形，长3～7cm，宽1～2cm，先端尾状渐尖，基部钝或阔楔形。圆锥花序顶生或近顶生，长2～4cm；花瓣分离或帽状。果实球形，略有白粉。花期3～4月，果期8～12月。

分布： 产广东、广西等地。常见于平地疏林或中山常绿林中。越南也有分布。

习性： 喜光，耐旱、耐盐、耐水湿。

栽培繁殖： 播种繁殖。种子宜即采即播，也可与河沙混合短时间储藏（不超过半年）。

应用： 良好的固堤、防风树种。也是良好的彩叶树种。

多花野牡丹 *Melastoma affine* D. Don

野牡丹科 Melastomataceae
野牡丹属 *Melastoma*

形态特征： 灌木，高约1m。茎钝四棱形或近圆柱形，分枝多，密被紧贴的鳞片状糙伏毛，毛扁平，边缘流苏状。叶片坚纸质，披针形、卵状披针形或近椭圆形，顶端渐尖，基部圆形或近楔形，全缘，基出脉5，叶面密被糙伏毛，基出脉下凹，背面被糙伏毛及密短柔毛，基出脉隆起，侧脉微隆起，脉上糙伏毛较密。蒴果坛状球形，顶端平截，与宿存萼贴生；宿存萼密被鳞片状糙伏毛；种子镶于肉质胎座内。花期2~5月，果期8~12月，稀翌年1月。

分布： 产云南、贵州、广东至台湾以南等地。生于海拔300~1830m的山坡、山谷林下或疏林下，湿润或干燥的地方，或刺竹林下灌草丛中、路边、沟边。中南半岛至澳大利亚、菲律宾等地也有分布。

习性： 喜温暖湿润气候，喜光，稍耐旱和耐瘠薄，生长适温20~30℃。

栽培繁殖： 播种或扦插繁殖。播种于春季3月下旬至4月上旬播种，将种子混草木灰或细土，均匀地撒播于苗床上，覆盖细土1cm，然后盖草、浇水，保持土壤湿润。气温在25℃以上时，20天左右出苗，出苗后揭去盖草。扦插时选择由根部发出的当年生土芽枝；或在整形修剪时，选择茎干充实健壮的枝条作穗，长10~18cm，然后插入土壤或其他基质内使之生根，保持土壤湿润。宜在向阳、疏松而含腐殖质多的酸性土壤中种植。

应用： 优良的木本观花植物和边坡生态恢复植物。果可食；全草消积滞、收敛止血、散瘀消肿。

野牡丹 *Melastoma malabathricum* L. [*Melastoma candidum* D. Don]

野牡丹科 Melastomataceae
野牡丹属 *Melastoma*

形态特征： 灌木，高达1.5m，分枝多。茎钝四棱形或近圆柱形，密被紧贴的鳞片状糙伏毛。叶片卵形或广卵形，顶端急尖，基部浅心形或近圆形，全缘，基出脉5，两面被糙伏毛及短柔毛，背面基出脉隆起，被鳞片状糙伏毛，侧脉隆起，密被长柔毛。伞房花序生于分枝顶端，近头状，有花3~5朵；花瓣玫瑰红色或粉红色，倒卵形，顶端圆形，密被缘毛。蒴果坛状球形；种子镶于肉质胎座内。花期5~7月，果期10~12月。

分布： 产广东、海南、湖南、江西、浙江、福建、台湾、广西、贵州、四川、云南、西藏。生于海拔2300~3700m的山地阳坡及草丛中。

习性： 喜光，稍耐阴，喜温暖湿润的气候，稍耐旱和耐瘠薄。

栽培繁殖： 播种或扦插繁殖。宜在向阳、疏松而含腐殖质多的酸性土壤中种植。

应用： 优良的木本观花植物和边坡生态恢复植物。根药用，可治吐血、尿血、血痢、痛经等症。

展毛野牡丹 *Melastoma normale* D. Don

野牡丹科 Melastomataceae
野牡丹属 *Melastoma*

形态特征：灌木，高0.5~1m。茎分枝多，密被平展的长粗毛及短柔毛，毛常为褐紫色。叶两面、叶柄、苞片、花梗、裂片、子房和果均密被糙伏毛。叶片坚纸质，全缘，基出脉5，叶正面基出脉下凹，侧脉不明显，叶背面基出脉隆起。伞房花序生于分枝顶端，具花3~7（10）朵，基部具叶状总苞片2；裂片与萼管等长或较萼管略长，裂片间具1小裂片；花瓣紫红色，倒卵形，顶端圆形，仅具缘毛；子房半下位。蒴果坛状球形，顶端平截，宿存萼与果贴生。花期春至夏初，果期秋季。

分布：产西藏、四川、福建至台湾各地。生于海拔150~2800m的开阔山坡灌草丛中或疏林下，为酸性土常见植物。尼泊尔、印度、缅甸、马来西亚及菲律宾等地也有，爪哇不产。

习性：喜光，稍耐阴，喜温暖湿润的气候，稍耐旱和耐瘠薄。

栽培：播种或扦插繁殖。宜在向阳、疏松而含腐殖质多的酸性土壤中种植。

应用：优良的木本观花植物和边坡生态恢复植物。果可食；全株有收敛作用，可治消化不良、腹泻、肠炎、痢疾等症。

毛菍 *Melastoma sanguineum* Sims

野牡丹科 Melastomataceae
野牡丹属 *Melastoma*

形态特征： 大灌木，高1.5～3m。茎、小枝、叶柄、花梗及花萼均被平展的长粗毛，毛基部膨大。叶片坚纸质，卵状披针形至披针形，顶端渐尖，基部钝或圆形全缘，基出脉5，两面被隐藏于表皮下的糙伏毛。伞房花序，顶生，有花1～3朵；花瓣粉红色或紫红色，5～7枚，广倒卵形。果杯状球形。花果期几乎全年，8～10月为盛期。

分布： 产广东、海南、广西。生于海拔400m以下的地区，常见于坡脚、沟边湿润的草丛或矮灌丛中。印度、马来西亚至印度尼西亚也有。

习性： 喜光，耐旱，喜温暖湿润的气候，对土壤要求不严。

栽培： 播种繁殖。果实成熟时采收，搓去果皮、果肉，将种子稍晾干立即播种，覆细土0.5～1cm，并保持土壤湿润。宜在向阳、疏松而含腐殖质多的酸性土壤中种植。

应用： 优良的观花植物和边坡生态恢复植物。果可食；根、叶可供药用，根有收敛止血、消食止痢的作用，治水泻便血、妇女血崩、止血止痛；叶捣烂外敷有拔毒生肌止血的作用，治刀伤跌打、接骨、疮疖、毛虫毒等。茎皮含鞣质。

使君子 *Quisqualis indica* L.

使君子科 Combretaceae
使君子属 *Quisqualis*

形态特征： 落叶攀缘藤本，高2～8m。叶对生或近对生，叶片膜质，卵形或椭圆形，先端短渐尖，基部钝圆。顶生穗状花序，组成伞房花序；苞片卵形至线状披针形，被毛；花瓣5，初为白色，后转淡红色。果卵形；种子1颗，圆柱状纺锤形，白色。花期6～10月，果期秋末成熟。

分布： 产广东、广西、江西、湖南、福建、台湾（栽培）、贵州、四川、云南。也分布于印度、缅甸至菲律宾。

习性： 喜光，喜温暖、湿润的气候，怕霜冻，生长适温22～30℃。对土壤要求不严，不耐移植，性强健，蔓延力强。

栽培繁殖： 播种、分株、扦插或压条繁殖。定植后1～2年，经常中耕除草，每年追肥2～3次。冬季要注意培土或覆盖杂草于基部防寒。每年早春或采果后修剪1次，使枝条分布均匀。成片栽培应搭棚供其攀爬。宜植于向阳背风、排水好、肥沃的砂质壤土。

应用： 可用于攀爬边坡。种子为中药中最有效的驱蛔虫药之一，对小儿寄生蛔虫症疗效尤其显著。

黄牛木 *Cratoxylum cochinchinense* (Lour.) Bl.

金丝桃科 Hypericaceae
黄牛木属 *Cratoxylum*

形态特征：落叶灌木或小乔木。全体无毛，树干下部有簇生的长枝刺，树皮灰黄色或灰褐色，光滑，似黄牛皮；枝条对生，无毛，呈淡红色。叶对生，纸质，椭圆形至长椭圆形或披针形，先端骤然锐尖或渐尖，基部钝形至楔形，下面有透明腺点及黑点。聚伞花序腋生或腋外生及顶生；花瓣粉红、深红色至红黄色。蒴果椭圆形，棕色，果实的近2/3为宿萼所包被。种子基部具爪，一侧具翅。花期4～5月，果期6月以后。

分布：香港、广东、海南、广西、云南。生于海拔1240m以下的丘陵或山地干燥阳坡的次生林灌丛中。越南、泰国、缅甸、印度尼西亚、斯里兰卡等国也有分布。

习性：喜湿润、酸性土壤，耐干旱。生长慢而萌芽力强，常遭砍伐但仍随处可见。

栽培繁殖：主要用播种繁殖，也可扦插繁殖。种子成熟后采收即可播种。当年发芽，翌春移植。生长较慢，育苗时，宜增施肥料。宜在向阳、疏松且含腐殖质的酸性土壤中种植。

应用：可用于营造护坡固土林、水土保持林。

金丝桃 *Hypericum monogynum* L.

金丝桃科 Hypericaceae
金丝桃属 *Hypericum*

形态特征：灌木，高0.5~1.3m。叶对生；叶片倒披针形或椭圆形至长圆形，先端锐尖至圆形，具细小尖突，基部楔形至圆形，主侧脉4~6对，分枝，叶片腺体小而点状。花序为疏松的近伞房状，具1~15朵花，自茎端第1节生出或茎端1~3节生出；花瓣金黄色至柠檬黄色，三角状倒卵形。蒴果宽卵珠形。种子深红褐色，圆柱形。花期5~8月，果期8~9月。

分布：产秦岭以南各地。生于山坡、路旁或灌丛中，沿海地区海拔0~150m，但在山地上升至1500m。

习性：喜湿润半阴之地，不甚耐寒，北方地区应种植于向阳处。

栽培繁殖：播种、分株或扦插繁殖。扦插时将1年生粗壮的枝条剪成10~15cm长的插条，顶端留1~2片叶子。扦插基质宜用清洁的细河沙或蛭石珍珠岩混合配制（1:1）。插后遮阴，保持基质湿润，容易成活。

应用：优良的观赏花木，可用于边坡绿化。果实及根供药用，果作连翘代用品，根能祛风、止咳、下乳、调经补血，并可治跌打损伤。

水石榕 *Elaeocarpus hainanensis* Oliver

杜英科 Elaeocarpaceae
杜英属 *Elaeocarpus*

形态特征： 常绿乔木，高4～10m。树冠整齐成层，枝条无毛；分枝低。单叶互生，常于枝端呈螺旋状聚生；叶片狭披针形或倒披针形，侧脉7～9对，下面突起，网脉两面均明显。总状花序腋生，具叶状苞片；花蕾纺锤形，花冠开放时呈铃状悬垂；花瓣白色，先端呈流苏状撕裂，芳香。核果长椭圆形，两端尖，种子卵形。花期5～6月，果期8～9月。

分布： 产于云南、广西、海南等地。喜生于低湿处及山谷水边。越南、泰国也有分布。

习性： 喜半阴，喜高温多湿气候，深根性，抗风力较强，不耐寒，不耐干旱，喜湿但不耐积水。

栽培繁殖： 播种繁殖，随采随播，夏季播种，要遮阴，可嫩枝带叶扦插，也可水插，定期换水。小苗移栽需带宿土，大苗移栽需带土球。宜在水边种植，但不能长期积水，养护时注意水位和土壤的通透性。须植于湿润而排水良好之地。土质以肥沃和富含有机质壤土为佳。

应用： 良好的园林绿化和边坡绿化植物。

山杜英 *Elaeocarpus sylvestris* (Lour.) Poir.

杜英科 Elaeocarpaceae
杜英属 *Elaeocarpus*

形态特征： 小乔木，高约10m。叶纸质，倒卵形或倒披针形，长4～8cm，宽2～4cm，幼态叶长达15cm，宽达6cm，两面均无毛，先端钝，基部窄楔形。总状花序生于枝顶叶腋内，长4～6cm；花瓣倒卵形，上半部撕裂，裂片10～12条，外侧基部有毛。核果椭圆形。花期4～5月。

分布： 产广东、海南、广西、江西、湖南、福建、浙江、贵州、四川及云南。生于海拔350～2000m的常绿林里。越南、老挝、泰国也有分布。

习性： 喜光，喜温暖、湿润环境。耐干热，抗污染性强。生长迅速。

栽培繁殖： 播种繁殖。宜在向阳、疏松而富含腐殖质的微酸性土壤中种植。

应用： 优良的园林绿化和边坡绿化植物。

假苹婆 *Sterculia lanceolata* Cav.

梧桐科 Sterculiaceae
苹婆属 Sterculia

形态特征： 乔木。叶椭圆形、披针形或椭圆状披针形，顶端急尖，基部近圆形。圆锥花序腋生，密集且多分枝；花淡红色，萼片5枚，矩圆状披针形或矩圆状椭圆形，顶端钝或略有小短尖突。蓇葖果鲜红色，长卵形或长椭圆形。种子黑褐色，椭圆状卵形。花期4~6月，果期5~8月。

分布： 产广东、广西、云南、贵州和四川南部。为我国产苹婆属中分布最广的一种，在华南山野间很常见，喜生于山谷溪旁。缅甸、泰国、越南、老挝也有分布。

习性： 喜光，喜温暖、湿润环境。生长迅速。

栽培繁殖： 播种繁殖，果成熟开裂时，带果采下，剥出种子，不宜暴晒脱水，随采随播，沙床不宜太湿，用甲基托布津或灭菌灵等杀菌处理1周即发芽。宜在向阳、疏松而富含腐殖质的微酸性土壤中种植。

应用： 优良的观花、观果树种。可用于营造护岸固堤林、水源涵养林、水土保持林。

苹婆 *Sterculia monosperma* Vent.
[*Sterculia nobilis* Smith]

梧桐科 Sterculiaceae
苹婆属 *Sterculia*

形态特征： 乔木，树皮褐黑色。叶薄革质，矩圆形或椭圆形，顶端急尖或钝，基部浑圆或钝。圆锥花序顶生或腋生，柔弱且披散；花梗远比花长；萼初时乳白色，后转为淡红色，钟状。蓇葖果鲜红色，矩圆状卵形；种子椭圆形或矩圆形，黑褐色。花期4~5月，果期7~8月。

分布： 产广东、广西的南部、福建东南部、云南南部和台湾。广州附近和珠江三角洲多有栽培。印度、越南、印度尼西亚也有分布，多为人工栽培。

习性： 喜光，亦耐荫蔽，喜温暖湿润气候。

栽培繁殖： 播种、扦插繁殖。当蓇葖果成熟开裂时，及时取出种子，随采随播，避免暴晒脱水，播种后注意要遮阴保湿，7天后可出芽。多用扦插繁殖，半木质化枝条、木质化枝条、老枝均可扦插成活。一般选用2~3年生枝条，插条剪成长约15cm，春秋两季扦插于苗床。宜植于排水良好的肥沃土壤中。

应用： 优良的观花、观果树种。可用于营造护岸固堤林、水源涵养林、水土保持林。种子可食。广州人喜取其叶以裹粽。古称"罗望子"和"罗晃子"实为苹婆。

木芙蓉 *Hibiscus mutabilis* L.

锦葵科 Malvaceae
木槿属 *Hibiscus*

形态特征： 落叶灌木或小乔木，高2～5m。叶宽卵形至圆卵形或心形，常5～7裂，裂片三角形，先端渐尖，具钝圆锯齿。花单生于枝端叶腋间；萼钟形；裂片5，卵形；花初开时白色或淡红色，后变深红色，花瓣近圆形。蒴果扁球形，果爿5。花期8～10月。

分布： 原产湖南。广东、广西、江西、湖北、安徽、江苏、浙江、福建、台湾、山东、河北、陕西、辽宁、四川、贵州和云南等地有栽培。日本和东南亚各国也有栽培。

习性： 喜光，稍耐阴，喜温暖湿润气候，不耐寒，忌干旱，耐水湿，对土壤要求不高，瘠薄土地亦可生长，萌蘖性强。

栽培繁殖： 易繁殖，多用扦插，亦可播种、分株、压条繁殖。长势健壮，萌枝力强，易移植。耐修剪，管理注意剪除杂乱枝及萌蘖，又可截干使其丛生，枝密花繁。适应性强，对氟化氢及氯气有一定抗性，对二氧化硫抗性特强。宜在肥沃湿润而排水良好的砂壤土中种植。

应用： 花大艳丽，有盘根错节的发达根系，是优良的园林观赏植物和边坡绿化植物。花叶供药用，有清肺、凉血、散热和解毒之功效。

朱槿 *Hibiscus rosa-sinensis* L.

锦葵科 Malvaceae
木槿属 *Hibiscus*

别名： 大红花、扶桑

形态特征： 常绿灌木，高达3m。叶阔卵形或狭卵形，长4～9cm，宽2.5cm，先端渐尖，基部圆形或楔形，边缘具粗齿或缺刻。花单生于上部叶腋间；花冠漏斗形，玫瑰红色或淡红、淡黄等色，花瓣倒卵形。蒴果卵形。花期全年。

分布： 原产我国中部各地。广东、云南、台湾、福建、广西、四川等有栽培。

习性： 喜光，喜温暖、湿润气候，不太耐寒，耐旱，耐修剪。

栽培繁殖： 扦插繁殖。时间宜5～10月。剪取1年生半木质化的健壮枝条，长约10cm，剪去下部叶片，留顶端叶片，切口要平，插于沙床，保持较高空气湿度，插后20～25天生根。用0.3%～0.4%吲哚丁酸处理插条基部数秒，可促进生根。宜在向阳、疏松而富含腐殖质的酸性土壤中种植。

主要栽培品种： ①艳红朱槿 *Hibiscus rosa-sinensis* 'Carminato-plenus'，花重瓣，鲜红色；②黄花扶桑 *Hibiscus rosa-sinensis* 'Luteus'，花单瓣，黄色；③黄色重瓣扶桑 *Hibiscus rosa-sinensis* 'Toreador'，花重瓣，黄色；④花叶扶桑（七彩大红花）*Hibiscus rosa-sinensis* 'Variegata'，叶片有黄、白、红等颜色，花单瓣，红色。

应用： 花大色艳，四季常开，为优良的园林观赏和边坡绿化花卉。

木槿 *Hibiscus syriacus* L.

锦葵科 Malvaceae
木槿属 *Hibiscus*

形态特征： 落叶灌木，高3～4m。叶菱形至三角状卵形，具深浅不同的3裂或不裂，先端钝，基部楔形，边缘具不整齐齿缺。花单生于枝端叶腋间；花钟形，淡紫色，花瓣倒卵形。蒴果卵圆形；种子肾形。花期7～10月。

分布： 原产我国中部各地。台湾、福建、广东、广西、云南、贵州、四川、湖南、湖北、安徽、江西、浙江、江苏、山东、河北、河南、陕西等地有栽培。

习性： 喜光和温暖潮润的气候；对环境的适应性很强，较耐干燥和贫瘠，对土壤要求不严格。耐修剪。

栽培繁殖： 扦插或分株繁殖。宜在向阳、疏松而富含腐殖质的微酸性土壤中种植。

常见栽培品种： ①粉紫重瓣木槿 *Hibiscus syriacus* f. *amplissimus*，落叶灌木。叶纸质，浅3裂，灰绿色，无光泽；花重瓣，粉紫色，内面基部洋红色。产山东；②白花重瓣木槿 *Hibiscus syriacus* f. *albus-plenus*，花重瓣，白色，有时略带淡紫色斑，直径6～10cm。

应用： 花大色艳，四季常开，为优良的园林观赏花卉和边坡绿化植物。茎皮富含纤维，供造纸原料；入药治疗皮肤癣疮。

地桃花 *Urena lobata* L.

锦葵科 Malvaceae
梵天花属 *Urena*

别名：肖梵天花

形态特征：直立亚灌木状草本植物，高约1m。叶片形状、大小差异较大，呈卵状三角形、卵形或圆形，正面被柔毛，背面被灰白色星状茸毛。花单生或近簇生叶腋，形似桃花；花冠淡红色，呈倒卵形。果实呈扁球形；种子呈肾形，无毛。花期7～10月，果期翌年1～2月。

分布：产长江以南各地。越南、柬埔寨、老挝、泰国、缅甸、印度和日本等地也有分布。

习性：喜光照，耐半阴，喜温暖湿润气候，对土壤要求不高。喜生于干热的空旷地、草坡或疏林下。

栽培繁殖：播种繁殖。宜在向阳、疏松而富含腐殖质的微酸性土壤中种植。

应用：根系发达，为良好的护坡固土植物。茎皮富含坚韧的纤维，供纺织和搓绳索，常用为麻类的代用品；根作药用，煎水点酒服用可治疗白痢。

红背山麻杆 *Alchornea trewioides* (Benth.) Muell.-Arg.

大戟科 Euphorbiaceae
山麻杆属 *Alchornea*

形态特征：灌木，高1~2m。幼枝被灰色柔毛。叶互生，纸质，宽卵形，长7~13cm，边缘疏生具腺小齿，叶背浅红色；基出脉3；小托叶披针形。雌雄异株，雄花序穗状，腋生；雌花序总状，顶生。蒴果球形，具3个圆棱。花期3~5月，果期6~8月。

分布：产广东、广西、海南、福建、江西、湖南。生于海拔15~400（1000）m沿海平原或内陆山地矮灌丛中或疏林下或石灰岩山灌丛中。泰国、越南、日本也有分布。

习性：喜光，喜高温高湿，耐旱，耐热，耐瘠薄。

栽培繁殖：播种或扦插繁殖，春至秋季均能育苗。

应用：边坡生态恢复的优良种类。

土蜜树 *Bridelia tomentosa* Bl.

大戟科 Euphorbiaceae
土蜜树属 *Bridelia*

别名： 逼迫子

形态特征： 常绿灌木或小乔木，通常高2～5m。树皮呈深灰色，枝条细长，叶片薄，叶柄长3～5mm。叶面粗涩，叶背呈浅绿色。侧脉每边有9～12条，与支脉在叶面比较明显，在叶背凸起。核果近圆球形。花期和果期几乎是全年。

分布： 产福建、台湾、广东、海南、广西和云南，生于海拔100～1500m的山地疏林中或平原灌木林中。分布于亚洲东南部，经印度尼西亚、马来西亚至澳大利亚。

习性： 喜高温高湿，不耐寒，生长适温22～32℃。全日照、半日照均能生长，但光照充足生长较旺盛。耐旱、耐瘠薄，分枝较低，常成灌丛。

栽培繁殖： 用播种、高压法繁殖。春至夏季为幼株生长盛期，须追肥2～3次；冬季长期低温会有半落叶现象，春季修剪整枝，春暖后枝叶更茂密。宜在排水良好的石灰质壤土或砂质壤土种植。

应用： 为营造护坡固土林或荒山造林优选树种。药用，叶治外伤出血、跌打损伤；根治感冒、神经衰弱、月经不调等。

白饭树 *Flueggea virosa* (Roxb. ex Willd.) Voigt

大戟科 Euphorbiaceae
白饭树属 *Flueggea*

形态特征：灌木，株高达6m。小枝具纵棱槽，有皮孔；全株无毛。叶呈椭圆形、长圆形或近圆形，背面白绿色，托叶披针形。雌雄异株，花多朵簇生叶腋，苞片鳞片状，花药椭圆形，萼片与雄花同，花盘环状，子房卵圆形。蒴果浆果状，近球形；种子栗褐色。花期3～8月，果期7～12月。

分布：产华东、华南及西南各地，生于海拔100～2000m山地灌木丛中。广布于非洲、大洋洲和亚洲的东部及东南部。

习性：喜高温，耐旱抗瘠。

栽培繁殖：播种、扦插及高压繁殖。宜在排水良好、土层深厚、肥沃的砂质土中种植。

应用：适用于边坡绿化。全株供药用，可治风湿关节炎、湿疹、脓疱疮等。

算盘子 *Glochidion puberum* (Linn.) Hutch.

大戟科 Euphorbiaceae
算盘子属 *Glochidion*

形态特征： 直立灌木，高1～5m。小枝、叶片背面、萼片外面、子房和果实均密被短柔毛。叶长圆形、长卵形或倒卵状长圆形，侧脉下面凸起，网脉明显。花小，雌雄同株或异株，2～5朵簇生于叶腋内，雄花序常着生于小枝下部，雌花序则在上部，或有时雌花和雄花同生于一叶腋内；子房圆球状，花柱合生呈环状，长宽与子房几相等，与子房接连处缢缩。蒴果扁球状，边缘有8～10条纵沟，成熟时带红色，顶端具有环状而稍伸长的宿存花柱；种子近肾形，具3棱，朱红色。花期4～8月，果期7～11月。

分布： 产陕西、甘肃、江苏、安徽、浙江、江西、福建、台湾、河南、湖北、湖南、广东、海南、广西、四川、贵州、云南和西藏等地，生于海拔300～2200m山坡、溪旁灌木丛中或林缘。

习性： 喜光，耐旱，耐瘠薄，喜温暖湿润气候。

栽培繁殖： 播种繁殖。宜即采即播或沙藏至翌年春播。宜植于酸性砂质壤土。

应用： 适用于边坡绿化。根、茎、叶和果实均可药用，有活血散瘀、消肿解毒之效。

血桐

Macaranga tanarius var. *tomentosa* (Blume) Müll. Arg.

大戟科 Euphorbiaceae
血桐属 *Macaranga*

别名： 流血桐

形态特征： 常绿乔木，高5~10m。树皮光滑，被白霜；树液红色。单叶互生，丛生于枝端；叶片盾状着生，纸质或薄革质，近圆形或卵圆形，先端呈尾状锐尖，基部浅心形、截形、盾形或钝圆形，边缘有波状细锯齿；掌状脉9~11条，侧脉呈圆网状；托叶膜质，早落。雄花序圆锥状，雄花苞片卵圆形；雌花序圆锥状，雌花苞片卵形、叶状。蒴果具2~3个分果片，密被颗粒状腺体和数枚软刺。花期4~5月，果期6月。

分布： 产广东、福建、台湾。生于沿海低山灌木中或次生林中。东南亚至大洋洲也有分布。

习性： 喜光，喜高温湿润气候，适应性强，繁殖力强，种子落地常自生。对土壤要求不严。抗风，耐盐碱，抗大气污染。

栽培繁殖： 播种繁殖，繁殖力强，春、秋季为适期。栽培容易，生长迅速。宜在排水良好的壤土或砂质壤土种植。

应用： 优良的绿荫树，可植于海岸、边坡，有保持水土功能。

白楸 *Mallotus paniculatus* (Lam.) Muell.-Arg.

大戟科 Euphorbiaceae
野桐属 *Mallotus*

形态特征： 乔木或灌木，高3～15m。叶互生，卵形、卵状三角形或菱形，顶端长渐尖，基部楔形或阔楔形，边缘波状或近全缘，上部有时具2裂片或粗齿；嫩叶两面均被灰黄色或灰白色星状茸毛，老叶上面无毛；基出脉5，基部近叶柄处具腺体2个。花雌雄异株，总状花序或圆锥花序，顶生。蒴果扁球形，具3个分果爿；种子近球形。花期7～10月，果期11～12月。

分布： 产广东、海南、广西、安徽、云南、贵州、福建和台湾。生于海拔50～1300m的林缘或灌丛中。分布于亚洲东南部各国。

习性： 喜光，耐旱，耐寒，耐瘠薄。

栽培繁殖： 播种繁殖。冬季采集成熟的果实，收集纯净种子沙藏，至翌年春季撒播。

应用： 可作水土保持林及园景树，也可用于边坡植被恢复。

粗糠柴 *Mallotus philippensis* (Lam.) Muell. Arg.

大戟科 Euphorbiaceae
野桐属 *Mallotus*

形态特征： 小乔木或灌木，高2～18m。小枝、嫩叶和花序均密被黄褐色短星状柔毛。叶互生或有时小枝顶部对生，长圆形或卵状披针形，顶端渐尖，基部圆形或楔形，背面被灰黄色星状短茸毛，叶脉上具长柔毛，散生红色颗粒状腺体。总状花序，顶生或腋生。蒴果扁球形；种子卵形或球形，黑色，具光泽。花期4～5月，果期5～8月。

分布： 产四川、云南、贵州、湖北、江西、安徽、江苏、浙江、福建、台湾、湖南、广东、广西和海南。生于海拔300～1600m山地林中或林缘。亚洲南部和东南部、大洋洲热带地区有分布。

习性： 喜光，不耐荫蔽，耐干燥瘠薄土壤，在酸性土和钙质土上都能生长。

栽培繁殖： 播种繁殖。

应用： 可用于边坡绿化。

余甘子 *Phyllanthus emblica* L.

大戟科 Euphorbiaceae
叶下珠属 *Phyllanthus*

形态特征：灌木至乔木，高可达10m。树皮浅褐色；小枝被锈色短茸毛。线状长圆形，顶端截平或钝圆，有锐尖头或微凹，基部浅心形而稍偏斜。聚伞花序腋生，花较小，黄色。蒴果核果状，圆球形，绿白色，外果皮肉质。花期4~6月，果期7~9月。

分布：产广东、海南、四川、贵州、云南等地。生于海拔200~2300m山地疏林、灌丛、荒地或山沟向阳处。中南半岛、马来西亚和印度也有分布。

习性：极喜光，耐干热瘠薄环境，萌芽力强，忌寒冷，遇霜容易落叶、落花，甚至冻坏嫩枝条。萌蘖力强，耐修剪。

栽培：播种、扦插或高压繁殖。

应用：根系发达，可保持水土，宜作边坡植被恢复的先锋树种。果可食、入药，可生津止渴，润肺化痰，治咳嗽、喉痛，解河豚中毒等。

山乌柏 *Sapium discolor* (Champ. ex Benth.) Muell. Arg.

大戟科 Euphorbiaceae
乌柏属 *Sapium*

形态特征： 乔木或灌木，高5～12m，全株无毛。小枝灰褐色，有皮孔。叶互生，嫩时呈淡红色，叶片椭圆形或长卵形；叶柄顶端具2个腺体。花单性，雌雄同株，花序顶生，雌花生于花序轴下部，雄花生于花序轴上部或有时整个花序全为雄花。蒴果球形，黑色，分果爿脱落后而中轴宿存；种子近球形，被薄蜡质层。花期4～6月，果期8～9月。

分布： 广布于云南、四川、贵州、湖南、广西、广东、江西、安徽、福建、浙江、台湾等地。生于海拔420～1600m的山谷或山坡混交林中。印度、缅甸、老挝、越南、马来西亚及印度尼西亚也有分布。

习性： 多零星生长于酸性土壤地区的疏林、灌木丛中，以气候温暖、土壤湿润而肥沃、阳光充足的低山次生疏林或山谷地区生长最好，在较干旱地区也能生长。

栽培繁殖： 播种繁殖，播种前要脱蜡，用60～80℃热水浸泡，用冷水浸种3天，取出种子除去蜡皮。

应用： 优良的园林绿化树种，可营造护坡固土林、水土保持林。蜜源植物。叶和根皮供药用，有泻下逐水、散瘀消肿的功效。

乌桕 *Sapium sebiferum* (L.) Roxb.

大戟科 Euphorbiaceae
乌桕属 *Sapium*

形态特征： 落叶乔木，高达15m，具乳液。叶互生，纸质，叶片菱形或菱状卵形，顶端骤然紧缩具长短不等的尖头，基部阔楔形或钝；叶柄顶端具2腺体。花单性，雌雄同株，聚集成顶生的总状花序，雌花通常生于花序轴最下部，雄花生于花序轴上部。蒴果梨状球形；种子扁球形，黑色，外被白色、蜡质的假种皮。花期4~8月，果期8~12月。

分布： 产秦岭、淮河以南各地。生于旷野、塘边或疏林中。日本、越南、印度也有。

习性： 喜光，不耐阴。喜温暖环境，不甚耐寒。对酸性、钙质土、盐碱土均能适应。主根发达，抗风力强、抗盐性强、耐水湿；对有害气体氟化氢有较强的抗性。

栽培繁殖： 播种繁殖。冬季采摘成熟的果实，脱粒后去除杂质后，纯净的种子置于通风干燥处贮藏，供翌春播种。优良品种用嫁接法，也可用埋根法繁殖。移栽宜在萌芽前春暖时进行，带土球移栽。

应用： 根系发达，适作荒坡边坡绿化。本种用途广。叶为黑色染料，可染衣物。根皮治毒蛇咬伤。白色之蜡质层（假种皮）溶解后可制肥皂、蜡烛；种子油作涂料，可涂油纸、油伞等。

虎皮楠 *Daphniphyllum oldhami* (Hemsl.) Rosenth.

虎皮楠科 Daphniphyllaceae
虎皮楠属 *Daphniphyllum*

形态特征： 乔木或小乔木，高5～10m；小枝纤细，暗褐色。叶纸质，披针形或倒卵状披针形或长圆形或长圆状披针形。花萼小，具细齿；雌花序序轴及总梗纤细。果椭圆或倒卵圆形，暗褐色至黑色，具不明显疣状突起，先端具宿存柱头，基部无宿存萼片或多少残存。花期3～5月，果期8～11月。

分布： 产长江以南各地，生于海拔150～1400m的阔叶林中。朝鲜和日本也有分布。

习性： 喜温暖湿润的小气候环境。

栽培繁殖： 播种繁殖。宜在土层深厚、疏松肥沃、湿润、酸性和微酸性土壤上种植。

应用： 可作观赏树种和边坡绿化树种，亦可作防火树种栽植。根和叶可入药，有清热解毒、活血散瘀之功效。

常山 *Dichroa febrifuga* Lour.

绣球科 Hydrangeaceae
常山属 *Dichroa*

形态特征： 灌木，高1～2m。叶形状、大小变异大，长椭圆形、倒卵形、椭圆状长圆形或披针形。伞房状圆锥花序顶生，有侧生花序；花瓣长圆状椭圆形，稍肉质，花后反折；雄蕊一半与花瓣对生。浆果蓝色，干时黑色；种子具网纹。花期2～4月，果期5～8月。

分布： 产陕西、甘肃、江苏、安徽、浙江、江西、福建、台湾、湖北、湖南、广东、广西、四川、贵州、云南和西藏。生于海拔200～2000m阴湿林中。印度、越南、缅甸、马来西亚、印度尼西亚、菲律宾和日本亦有分布。

习性： 喜较阴凉、湿润的气候，忌高温。

栽培繁殖： 扦插繁殖和播种繁殖。宜植于肥沃疏松、排水良好、富含腐殖质的砂质壤土。

应用： 观花、观果俱佳，亦可用于边坡绿化。根含有常山碱（Dichroine），为抗疟疾要药。

钟花樱桃 *Cerasus campanulata* (Maxim.) Yu et Li

蔷薇科 Rosaceae
樱属 *Cerasus*

别名： 福建山樱花

形态特征： 乔木或灌木，高3～8m，树皮黑褐色。叶片卵形、卵状椭圆形或倒卵状椭圆形，薄革质，先端渐尖，基部圆形，边有急尖锯齿；叶柄顶端常有腺体2个。伞形花序，有花2～4朵，先叶开放；花瓣倒卵状长圆形，粉红色，先端颜色较深。核果卵球形。花期2～3月，果期4～5月。

分布： 产广东、广西、浙江、福建、台湾。生于海拔100～600m的山谷林中及林缘。日本、越南也有分布。

习性： 喜光及温暖湿润气候，耐旱怕涝。

栽培繁殖： 播种、嫁接繁殖。应随采随播或湿沙层积至翌年春播。

应用： 优良的园林观赏和边坡绿化树种。

皱皮木瓜 *Chaenomeles speciosa* (Sweet) Nakai

蔷薇科 Rosaceae
木瓜属 *Chaenomeles*

别名： 贴梗海棠

形态特征： 落叶灌木，高达2m，枝条开展，有刺。单叶互生，卵圆形或椭圆形，先端尖，缘有锐锯齿，托叶大，肾形或半圆形，边缘有尖锐重锯齿。花先叶开放，一般3朵簇生于2年生枝上。花朱红、粉红或白色，单瓣或重瓣。梨果球形或卵圆形。花期3~5月，果期9~10月。

分布： 产陕西、甘肃、四川、贵州、云南、广东。缅甸也有分布。

习性： 喜光、喜温暖湿润气候，具一定的抗旱和耐寒能力。

栽培繁殖： 分株、压条、扦插、嫁接繁殖，于秋季落叶后春季萌芽前移植。

应用： 优良的园林观赏灌木和边坡绿化植物。果实含苹果酸、酒石酸、枸橼酸及丙种维生素等，干制后入药，有祛风、舒筋、活络、镇痛、消肿、顺气之效。

枇杷 *Eriobotrya japonica* (Thunb.) Lindl.

蔷薇科 Rosaceae
枇杷属 *Eriobotrya*

形态特征：常绿小乔木，高可达10m。叶片革质，披针形、倒披针形、倒卵形或椭圆状长圆形，先端急尖或渐尖，基部楔形，上部边缘有疏锯齿，基部全缘。圆锥花序顶生，具多花；花瓣白色，长圆形或卵形。果实球形或长圆形，黄色或橘黄色。花期10～12月，果期5～6月。

分布：原产我国和日本。以江苏、福建、浙江、四川等地栽培最盛。日本、印度、越南、缅甸、泰国、印度尼西亚也有栽培。

习性：喜光，耐旱，对土壤要求不高，无特殊严寒天气的地区都可以种植。枇杷花期在冬末春初，冬春低温将影响其开花结果。适应性较广，忌积水。对粉尘抗性强，抗二氧化硫和氯气的能力一般。

栽培繁殖：播种、嫁接繁殖为主，亦可高枝压条，可用实生苗或石楠作砧木。宜在含砂或石砾较多、疏松的土壤中种植。

应用：美丽的观赏树木和果树。可用于边坡绿化。果味甘酸，供生食、蜜饯和酿酒用；叶晒干去毛，可供药用，有化痰止咳、和胃降气之效。

棣棠花 *Kerria japonica* (L.) DC.

蔷薇科 Rosaceae
棣棠花属 *Kerria*

形态特征：落叶灌木，高1～2m。小枝绿色，圆柱形，嫩枝有棱角。单叶互生，叶片卵状椭圆形，顶端长渐尖，基部圆形，边缘有尖锐重锯齿。单花，着生在当年生侧枝顶端；花瓣黄色，宽椭圆形。瘦果倒卵形至半球形。花期4～6月，果期6～8月。

分布：产长江以南各地。生于海拔200～3000m的山坡灌丛中。日本也有分布。

习性：喜光，稍耐阴，喜温暖湿润气候。根蘖萌发力强。

栽培繁殖：分株、扦插、播种繁殖。

主要栽培品种：重瓣棣棠 *Kerria japonica* f. *pleniflora*，花重瓣，南北各地普遍栽培。

应用：优良的观赏和边坡绿化植物。

石斑木 *Rhaphiolepis indica* (L.) Lindl.

蔷薇科 Rosaceae
石斑木属 *Rhaphiolepis*

别名： 春花、车轮梅

形态特征： 常绿灌木，高1～4m。本种形态变异很强。叶革质，形状各式，卵形至矩圆形或披针形；先端短渐尖，基部狭而成一短柄，叶背网脉明显。伞房花序或圆锥花序顶生，花白色，中心有淡红色或橙红色点缀，其形状似梅花，故又称车轮梅。果球形，紫黑色。花期2～3月，果期10～12月。

分布： 产安徽、浙江、江西、湖南、贵州、云南、福建、广东、广西、台湾。生于海拔150～1600m的山坡、路边或溪边灌木林中。日本、老挝、越南、柬埔寨、泰国和印度尼西亚也有分布。

习性： 喜半阴，喜温暖湿润气候，耐热、耐寒、耐干旱和瘠薄。

栽培繁殖： 播种或扦插繁殖。要求生长环境的空气相对湿度为50%～70%，空气相对湿度过低时下部叶片黄化、脱落，上部叶片无光泽。宜植于富含有机质的砂质土壤。

应用： 优良的观赏和荒坡绿化植物。

粗叶悬钩子 *Rubus alceaefolius* Poir.

蔷薇科 Rosaceae
悬钩子属 *Rubus*

形态特征：攀缘灌木，高达5m。枝被黄灰色至锈色长柔毛，有稀疏皮刺。叶互生，边缘锯齿，有叶柄；托叶与叶柄合生，不分裂，宿存，离生，较宽大。花两性，聚伞状花序、花萼；萼片直立或反折，果时宿存；花瓣稀缺，白色或红色；雄蕊多数，心皮多数，有时仅数枚。果实为由小核果集生于花托上而成聚合果，肉质，红色；种子下垂，种皮膜质。花期7～9月，果期10～11月。

分布：产江西、湖南、江苏、福建、台湾、广东、广西、贵州、云南。生于海拔500～2000m的向阳山坡、山谷杂木林内或沼泽灌丛中以及路旁岩石间。东南亚、日本也有分布。

习性：喜光，耐贫瘠，适应性强。

栽培繁殖：播种和扦插繁殖。

应用：良好的边坡绿化植物。果可食。根和叶入药，有活血散瘀、清热止血之效。

合欢 *Albizia julibrissin* Durazz.

含羞草科 Mimosaceae
合欢属 *Albizia*

形态特征：落叶乔木，高可达16m，树冠开展。二回羽状复叶，总叶柄近基部及最顶部一对羽片着生处各有1枚腺体；羽片4～20对；小叶10～30对，线形至长圆形，向上偏斜，先端有小尖头，有缘毛。头状花序于枝顶排成圆锥花序；花粉红色。荚果带状，长9～15cm，宽1.5～2.5cm。花期6～7月，果期8～10月。

分布：产我国东北至华南及西南部各地。生于山坡或栽培。非洲、中亚至东亚均有分布；北美洲亦有栽培。

习性：喜光，喜温暖，耐寒，耐旱，耐土壤瘠薄及轻度盐碱。生长迅速，对二氧化硫、氯化氢等有害气体有较强的抗性。

栽培繁殖：播种繁殖。于9～10月间采种，翌年春季播种，播种前将种子浸泡8～10小时后取出播种。

应用：良好的园林绿化和边坡绿化植物。嫩叶可食，老叶可以洗衣服；树皮供药用，有驱虫之效。

红花羊蹄甲 *Bauhinia × blakeana* Dunn

苏木科 Caesalpiniaceae
羊蹄甲属 *Bauhinia*

形态特征： 乔木；分枝多，小枝细长，被毛。叶革质，近圆形或阔心形，基部心形，有时近截平，先端2裂为叶全长的1/4～1/3，裂片顶钝或狭圆；基出脉11～13条；叶柄被褐色短柔毛。总状花序顶生或腋生，有时复合成圆锥花序，被短柔毛；花大，美丽；花蕾纺锤形；萼佛焰状，有淡红色和绿色线条；花瓣红紫色，具短柄，倒披针形，近轴的1片中间至基部呈深紫红色。通常不结果。花期全年，3～4月为盛花期。

分布： 为香港市花。华南常见栽培。疑为羊蹄甲 *B. purpurea* 和洋紫荆 *B. variegata* 的杂交种。世界各地广泛栽植。

习性： 喜光、喜温暖至暖热、湿润气候，不耐低温。对土壤要求不严，耐干旱，耐瘠薄，开花繁密。萌芽力强，耐修剪，移植成活率高；生长速度快。抗氟化氢力强，抗机动车尾气污染一般。

栽培繁殖： 扦插繁殖为主，嫁接繁殖为次。在春季3～4月间，选择1年生健壮枝条，剪成长10～12cm，并带有2～3个节作为插穗，将下部叶片剪去，仅留顶端1～2个叶片，将插穗插入沙床中。插后及时喷水，用塑料膜覆盖。在气温18～25℃条件下，约10天可长出愈伤组织，50天左右便可生根、发芽。以羊蹄甲作砧木高位嫁接，则较能抗风。移植宜在早春2～3月进行。宜在排水良好的砂壤土中种植。

应用： 优良的观赏树木，可作边坡绿化。

苏木科 Caesalpiniaceae

首冠藤 *Bauhinia corymbosa* Roxb.

苏木科 Caesalpiniaceae
羊蹄甲属 *Bauhinia*

形态特征：木质藤本。嫩枝、花序和卷须的一面被红棕色小粗毛；卷须单生或成对。叶纸质，近圆形，自先端深裂达叶长的3/4，裂片先端圆，基部近截平或浅心形。伞房花序式的总状花序顶生于侧枝上，多花，花芳香；花瓣白色，有粉红色脉纹，阔匙形或近圆形，外面中部被丝质长柔毛，边缘皱曲，具短瓣柄。荚果带状长圆形，扁平；种子长圆形，褐色。花期4~6月，果期9~12月。

分布：产广东、海南。生于山谷疏林中或山坡阳处。热带、亚热带地区都有栽培，供观赏。

习性：喜光，喜温暖至高温湿润气候，耐贫瘠，适应性强，耐寒，耐干旱，抗大气污染。

栽培繁殖：播种或扦插繁殖。果熟期采摘果穗，除去不饱满的果荚，置于阳光下暴晒，果荚开裂后采收纯净种子，种子可贮藏至翌年春季播种。扦插可在春、秋季进行，扦穗要选用成熟健壮的枝条。

应用：优良的观花藤本植物和边坡绿化植物。

洋紫荆 *Bauhinia variegata* L.

苏木科 Caesalpiniaceae
羊蹄甲属 *Bauhinia*

别名： 红花紫荆、宫粉羊蹄甲

形态特征： 落叶乔木。高7～15m。树皮暗褐色，近光滑，皮孔明显。幼嫩部分常被灰色短柔毛。叶近革质，阔卵形至近圆形，顶端2深裂达叶长的1/3，裂片顶端圆，基部浅心形。总状花序侧生或顶生，近伞房状，具花数朵；花蕾纺锤形，花萼佛焰苞状；花瓣5，淡红色，倒披针形或倒卵形，具黄绿色或暗紫色斑纹。荚果带状，扁平，有长柄和短喙。花期全年，3月最盛。

分布： 中国南部。生于向阳的坡地、空地中。印度、中南半岛各国有分布。世界广为栽培。

习性： 喜光，喜温暖湿润、多雨、阳光充足的环境。不甚耐寒，忌水涝。萌蘖力强，耐修剪。

栽培繁殖： 播种、扦插、压条或嫁接，以播种繁殖为主。播种时间3月下旬至4月下旬或9月下旬至10月下旬。宜植于土层深厚、肥沃、排水良好的偏酸性砂质壤土。

应用： 优良的观花乔木。可用于边坡绿化。根皮用水煎服可治消化不良；花芽、嫩叶和幼果可食。

云实 *Caesalpinia decapetala* (Roth) Alston

苏木科 Caesalpiniaceae
云实属 *Caesalpinia*

形态特征： 藤本。树皮暗红色，枝、叶轴和花序均被柔毛和钩刺。二回羽状复叶，羽片对生具柄，基部有刺1对；小叶膜质长圆形。总状花序顶生，总花梗多刺，花瓣黄色膜质圆形或倒卵形。荚果长圆状舌形。花果期4～10月。

分布： 产广东、广西、云南、四川、贵州、湖南、湖北、江西、福建、浙江、江苏、安徽、河南、河北、陕西、甘肃等地。生于山坡灌丛中及平原、丘陵、河旁等地。亚洲热带和温带地区有分布。

习性： 喜温暖、湿润和阳光充足的环境。耐半阴，耐修剪，耐瘠薄。适应性强，抗污染。

栽培繁殖： 扦插或播种繁殖。扦插宜在梅雨季节进行，用当年生枝条，约25天可生根。宜在肥沃的微酸性土壤中种植。

应用： 良好的边坡绿化植物。常栽培作绿篱。根、茎及果药用，性温、味苦、涩，无毒，有发表散寒、活血通经、解毒杀虫之效。

紫荆 *Cercis chinensis* Bunge

苏木科 Caesalpiniaceae
紫荆属 *Cercis*

形态特征： 丛生或单生灌木，高2~5m。叶纸质，近圆形或三角状圆形；先端急尖，基部心形。花紫红色或粉红色，2~10余朵成束，簇生于老枝和主干上；龙骨瓣基部具深紫色斑纹。荚果扁狭长形；种子2~6颗，阔长圆形，黑褐色，光亮。花期3~4月，果期8~10月。

分布： 产我国东南部，北至河北，南至广东、广西，西至云南、四川，西北至陕西，东至浙江、江苏和山东等地。生于密林或石灰岩地区。为一常见的栽培植物。

习性： 喜温暖湿润、阳光充足环境，耐寒，不耐高温，不耐水湿。

栽培繁殖： 播种、扦插、嫁接或分株繁殖。9~10月收集种子，用湿沙混合置阴凉处越冬。翌年3月下旬到4月上旬播种，播前用60℃热水浸泡种子，水凉后继续泡3~5天，每天需要换水一次，种子吸水膨胀后，放在15℃环境中催芽，每天用温水淋1~2次，待露白后播于苗床。宜植于肥沃、土层深厚且排水良好的土壤。

应用： 美丽的木本花卉植物，可用于边坡绿化。树皮可入药，有清热解毒、活血行气、消肿止痛之功效。

皂荚 *Gleditsia sinensis* Lam

苏木科 Caesalpiniaceae
皂荚属 *Gleditsia*

形态特征：落叶乔木或小乔木，高达15m。枝刺粗壮，圆柱形，常分枝，树冠多呈圆锥状。一回羽状复叶，互生；小叶3~9对，纸质，卵状披针形至长圆形，先端急尖，基部圆形或楔形，边缘具细锯齿。总状花序腋生，花瓣4，黄白色。荚果带状；种子多粒，长圆形或椭圆形，棕色，光亮。花期3~5月，果期5~12月。

分布：产广东、广西、江西、福建、安徽、浙江、江苏、湖南、湖北、山东、河南、河北、山西、陕西、甘肃、四川、贵州、云南等地。生于海拔自平地至2500m的山坡林中或谷地、路旁。常栽培于庭院或宅旁。

习性：喜光，适应性广，抗逆性强。根系发达，能固氮，耐旱、耐热、耐寒。在石灰岩山地、酸性土、盐碱土均能生长。抗污染。

栽培繁殖：播种繁殖。10月果实成熟时采收，取出种子，随即播种；若春播，需将种子在水里泡胀后，再行播种。宜植于深厚、肥沃土壤中。

应用：根系发达，能固氮，常用作防护林和水土保持林。可用于边坡绿化。荚果煎汁可代肥皂用以洗涤丝毛织物；嫩芽油盐调食，其籽煮熟糖渍可食。荚果、籽、刺均入药，有祛痰通窍、镇咳利尿、消肿排脓、杀虫治癣之效。

铁刀木 *Senna siamea* Lam.

苏木科 Caesalpiniaceae
决明属 *Senna*

形态特征： 乔木，高约10m。树皮灰色，近光滑，稍纵裂；嫩枝有棱条，疏被短柔毛。叶轴与叶柄无腺体，被微柔毛；小叶对生。总状花序生于枝条顶端的叶腋，并排成伞房花序状；苞片线形；萼片近圆形；花瓣黄色，阔倒卵形。荚果扁平，边缘加厚；种子10～20颗。花期10～11月，果期12月至翌年1月。

分布： 热带、亚热带及温带地区，云南有野生外，南方各地均有栽培。印度、缅甸、泰国有分布。

习性： 喜光、耐热、耐旱、耐湿、耐瘠、耐碱。不耐荫蔽，不耐寒，忌积水。萌芽力强，生长快，耐修剪、抗污染、易移植。抗风。

栽培繁殖： 播种繁殖，3～4月为适宜采种期。

应用： 优良的园林绿化和边坡绿化树种。

响铃豆 *Crotalaria albida* Heyne ex Roth Nov.

蝶形花科 Papilionaceae
猪屎豆属 *Crotalaria*

形态特征： 多年生直立草本，基部常木质，高可达80cm。植株或上部分枝，托叶细小，刚毛状，早落；单叶，叶片倒卵形、长圆状椭圆形或倒披针形，先端钝或圆，基部楔形，正面绿色，背面暗灰色，叶柄近无。总状花序顶生或腋生，有花20～30朵，苞片丝状，小苞片与苞片同形，生萼筒基部；花萼二唇形，上面二萼齿宽大，下面三萼齿披针形，花冠淡黄色，旗瓣椭圆形，翼瓣长圆形，龙骨瓣弯曲，子房无柄。荚果短圆柱形。5～12月开花结果。

分布： 产安徽、江西、福建、湖南、贵州、广东、海南、广西、四川、云南。生于海拔200～2800m的荒地路旁及山坡疏林下。中南半岛、南亚及太平洋诸岛也有分布。

习性： 喜光，喜湿热气候，耐旱、耐酸、耐瘠薄土壤。

栽培繁殖： 播种繁殖。一般4～6月都可播种。

应用： 良好的观赏植物和边坡绿化植物。也是优良绿肥。药用可清热解毒、消肿止痛，治跌打损伤、关节肿痛等症。

大猪屎豆 *Crotalaria assamica* Benth

蝶形花科 Papilionaceae
猪屎豆属 *Crotalaria*

形态特征： 直立高大草本，高达1.5m。茎和枝圆柱形，髓部中空。植株的各个部分，包括茎枝、叶、叶柄、托叶、苞片、小苞片、花梗和花萼被丝光质贴伏的短柔毛。单叶，狭椭圆状长圆形，有时微凹，叶正面无毛，背面密被毛；叶柄密被毛；托叶小，呈钻形。总状花序，顶生或腋生，花朵数量可达20~50朵；花冠金黄色，旗瓣近圆形，先端微凹，翼瓣长圆形，龙骨瓣近圆形，喙部扭曲。荚果长圆形，基部渐狭，种子斜心形，黑褐色，稍显光亮。花果期5~12月。

分布： 产台湾、广东、海南、广西、贵州、云南。生于海拔50~3000m的山坡路边及山谷草丛中。中南半岛、南亚等地区也有分布。

习性： 喜光，喜湿热气候，耐旱、耐瘠薄土壤。

栽培繁殖： 播种繁殖。一般4~6月都可播种。

应用： 良好的观赏植物和边坡绿化植物。全草药用，有消炎止痛、祛风除湿之效。

猪屎豆 *Crotalaria pallida* Ait.

蝶形花科 Papilionaceae
猪屎豆属 *Crotalaria*

别名： 黄野百合

形态特征： 直立草本，高30～100cm，基部常木质，单株或茎上分枝，被紧贴粗糙的长柔毛。叶三出；小叶长圆形或椭圆形，先端钝圆或微凹，基部阔楔形，两面叶脉清晰。总状花序顶生、腋生或密生枝顶形似头状，亦有叶腋生出单花，花1至多数；花冠黄色，伸出萼外，旗瓣圆形或椭圆形，翼瓣长圆形，龙骨瓣最长，弯曲，几达90°，具长喙。荚果短圆柱形，下垂紧贴于枝，秃净无毛；种子10～15颗。花果期5月至翌年2月。

分布： 产广东、广西、海南、福建、台湾、四川、云南、山东、浙江、湖南。生于海拔70～1500m荒地路旁及山谷草地。中南半岛、南亚、太平洋诸岛及朝鲜、日本等地区也有分布。

习性： 喜光，稍耐干旱、耐瘠薄土壤。

栽培繁殖： 播种繁殖。可采用直播方法播种，播后10～20天即可出苗，无须特殊管理，1年生苗高50～70cm。

应用： 良好的观赏植物和边坡绿化植物。全草药用，有清热解毒、消肿止痛、破血除瘀等效用。

大叶山蚂蝗 *Desmodium gangeticum* (Linn.) DC.

蝶形花科 Papilionaceae
山蚂蝗属 *Desmodium*

别名：大叶山绿豆

形态特征：半灌木，高达1m。茎被稀疏柔毛。叶具单小叶，矩圆形，先端急尖，基部截形或近圆；叶面无毛，叶背密生平贴短柔毛。总状花序顶生和腋生，但顶生者有时为圆锥花序；花梗密生钩状毛；花冠绿白色，萼齿披针形与筒近等长；旗瓣白色，翼瓣淡红色。荚果密集，荚节近圆形或宽长圆形。花期4~8月，果期8~9月。

分布：产广东、海南及沿海岛屿、广西、云南南部及东南部、台湾中部和南部。生于海拔300~900m的荒地草丛中或次生林中。斯里兰卡、印度、缅甸、泰国、越南、马来西亚、热带非洲和大洋洲也有分布。

习性：喜光，稍耐干旱、耐瘠薄土壤。

栽培繁殖：播种繁殖。可采用直播方法播种。

应用：良好的观赏植物和边坡绿化植物。

多花木蓝 *Indigofera amblyantha* Craib

蝶形花科 Papilionaceae
木蓝属 *Indigofera*

形态特征： 直立灌木，高0.8～2m。幼枝禾秆色，具棱，密被白色平贴丁字毛。羽状复叶；小叶3～4（5）对，对生，卵状长圆形、长圆状椭圆形、椭圆形或近圆形，先端圆钝，具小尖头，基部楔形或阔楔形，正面绿色，疏生丁字毛，背面苍白色，被毛较密。总状花序腋生；花萼被白色平贴丁字毛，花冠淡红色。荚果线状圆柱形，棕褐色；种子褐色，长圆形。花期5～7月，果期9～11月。

分布： 产湖南、湖北、安徽、江苏、浙江、河南、河北、山西、陕西、甘肃、贵州、四川。生于海拔600～1600m的山坡草地、沟边、路旁灌丛中及林缘。

习性： 喜光，耐寒，耐干旱，耐瘠薄土壤。

栽培繁殖： 播种繁殖。可采用直播方法播种，播后10～20天即可出苗，1年生苗高50～70cm。

应用： 优良的庭园观赏和边坡生态恢复植物。全草入药，有清热解毒、消肿止痛之效。

椭圆叶木蓝 *Indigofera cassioides* Rottl. ex DC.

蝶形花科 Papilionaceae
木蓝属 *Indigofera*

形态特征：直立灌木，高达1.5m。羽状复叶；小叶6~10对，对生或近对生，椭圆形或倒卵形，先端钝或截形，微凹，具小尖头，基部楔形至圆形，正面绿色，背面灰白色，两面均被白色或下面间有棕色平贴短丁字毛，中脉上面微凹，下面隆起。总状花序腋生；花冠淡紫色或紫红色。荚果圆柱形，劲直，无毛，内果皮具紫红色斑点；种子方形，赤褐色。花期1~3月，果期4~6月。

分布：产广西、云南。生于海拔300~2000m的山坡草地、疏林或灌丛中。巴基斯坦、印度、越南、泰国也有分布。

习性：喜光，较耐寒，耐干旱，耐瘠薄土壤。

栽培繁殖：播种繁殖。

应用：优良的庭园观赏和边坡生态恢复植物。

胡枝子 *Lespedeza bicolor* Turcz.

蝶形花科 Papilionaceae
胡枝子属 *Lespedeza*

形态特征： 直立灌木，高 1～3m，多分枝。羽状复叶具3小叶，小叶薄质，卵形或倒卵形，先端圆钝或微凹，基部圆形或宽楔形，全缘。总状花序腋生，构成大型、疏松的圆锥花序；花冠紫色，旗瓣无爪，翼瓣有爪，龙骨瓣与旗瓣等长，具长爪。荚果斜卵形，有密柔毛。花期7～9月，果期9～10月。

分布： 产广东、广西、湖南、福建、台湾、浙江、江苏、安徽、山东、河南、甘肃、陕西、山西、内蒙古、河北、辽宁、吉林、黑龙江。生于海拔150～1000m的山坡、林缘、路旁、灌丛及杂木林间。朝鲜、俄罗斯、日本也有分布。

习性： 耐阴，耐旱，耐寒，耐瘠薄，萌芽力强，固氮能力强，适应性极广，再生性强。

栽培繁殖： 播种或扦插繁殖。荚果成熟时即采种。3～4月进行春播，多用播种育苗。

应用： 根系发达，是优良的防风、固沙及水土保持植物，也是很好的蜜源植物及园林观赏植物。

多花胡枝子 *Lespedeza floribunda* Bunge

蝶形花科 Papilionaceae
胡枝子属 *Lespedeza*

形态特征：小灌木，高约60cm。茎常近基部分枝；枝有条棱，被灰白色茸毛。托叶线形，先端刺芒状；羽状复叶具3小叶；小叶具柄，倒卵形、宽倒卵形或长圆形，先端微凹、钝圆或近截形，具小刺尖，基部楔形，正面被疏伏毛，背面密被白色伏柔毛；侧生小叶较小。总状花序腋生；总花梗细长，显著超出叶；花多数；花冠紫色、紫红色或蓝紫色，龙骨瓣长于旗瓣，钝头。荚果宽卵形，密被柔毛。花期6~9月，果期9~10月。

分布：产辽宁、河北、山西、陕西、宁夏、甘肃、青海、山东、江苏、安徽、江西、福建、河南、湖北、广东、四川等地。生于海拔1300m以下的石质山坡。

习性：耐阴，耐旱，耐寒，耐瘠薄，萌芽力强，固氮能力强，适应性极广，再生性强。

栽培繁殖：播种或扦插繁殖。荚果成熟时即采种。3~4月进行春播，多用播种育苗。

应用：优良的园林观赏植物和边坡绿化植物。根或全草入药，有消积散瘀、截疟的功效。

美丽胡枝子 *Lespedeza formosa* (Vog.) Koehne

蝶形花科 Papilionaceae
胡枝子属 *Lespedeza*

形态特征： 直立灌木，高1~2m。多分枝，枝伸展，被疏柔毛。托叶披针形至线状披针形，褐色，被疏柔毛；小叶椭圆形、长圆状椭圆形或卵形，稀倒卵形，正面绿色，稍被短柔毛，背面淡绿色，贴生短柔毛。总状花序单一，腋生，或构成顶生的圆锥花序；花冠红紫色。荚果倒卵形或倒卵状长圆形，表面具网纹且被疏柔毛。花期7~9月，果期9~10月。

分布： 产河北、陕西、甘肃、山东、江苏、安徽、浙江、江西、福建、河南、湖北、湖南、广东、广西、四川、云南等地。生于海拔2800m以下的山坡、路旁及林缘灌丛中。朝鲜、日本、印度也有分布。

习性： 喜温暖气候，喜光，耐寒，耐高温，耐干旱，耐酸土性，耐瘠薄，也较耐荫蔽，萌芽力强。

栽培繁殖： 播种或扦插繁殖。荚果成熟时即采种。3~4月进行春播，多用播种育苗。宜在湿润肥沃土壤上种植。

应用： 根系发达，是优良防风、固沙及水土保持植物，尤适合用于岩石边坡这种特殊困难立地条件下的植被恢复，同时对矿渣废弃地植被的快速恢复也能起到良好的作用。也是很好的园林观赏植物。入药有清热解毒、活血止痛的功效。

三裂叶野葛

Neustanthus phaseoloides (Roxb.) Benth.
[*Pueraria phaseoloides* (Roxb.) Benth.]

蝶形花科 Papilionaceae
葛藤属 *Neustanthus*

形态特征：草质藤本。茎纤细，长2~4m，被褐黄色、开展的长硬毛。羽状复叶具3小叶；托叶基着，卵状披针形；小托叶线形。总状花序单生，花冠浅蓝色或淡紫色，旗瓣近圆形，翼瓣倒卵状长椭圆形，较龙骨瓣为长，龙骨瓣镰刀状。荚果近圆柱状；种子长椭圆形，两端近截平。花期8~9月，果期10~11月。

分布：产云南、广东、海南、广西和浙江。生于山地、丘陵的灌丛中。印度、中南半岛亦有分布。

习性：喜温暖、湿润的气候，喜光照充足。生长适温16~28℃。对土壤适应性强。

栽培繁殖：播种或扦插繁殖。宜在疏松肥沃、排水良好的壤土或砂壤土种植。

应用：优良的边坡植被恢复或荒坡水土保持藤本植物。全株药用，有解热、驱虫功效。

葛 *Pueraria lobata* (Willd.) Ohwi

蝶形花科 Papilionaceae
葛属 Pueraria

别名： 野葛、葛藤

形态特征： 粗壮藤本；长可达8m，全体被黄色长硬毛，茎基部木质，有粗厚的块状根。羽状3小叶；托叶卵状长圆形；小叶3裂，偶尔全缘，顶生小叶宽卵形或斜卵形，先端长渐尖，侧生小叶斜卵形。总状花序腋生，花密；花冠紫红色；旗瓣倒卵形。荚果长椭圆形，扁平，密生黄色长硬毛。花期9～10月，果期11～12月。

分布： 除新疆、西藏外，几遍全国。生于山地疏或密林中。东南亚至澳大利亚也有分布。

习性： 喜光，较耐寒，耐干旱、耐瘠薄土壤。

栽培繁殖： 播种或扦插繁殖。果熟期，采摘变为赤褐色的成熟果荚，把采得的果荚摊开晾晒，敲开果荚，收取纯净种子。种子可干藏。春末播种为宜，播种前种子用60℃的热水浸泡至室温后再浸种48小时。

应用： 优良的边坡植被恢复或荒坡水土保持藤本植物。根供药用，有解表退热、生津止渴、止泻的功效。茎皮纤维供织布和造纸用，古代应用甚广。葛粉可用于解酒。

葛麻姆

Pueraria lobata (Willd.) Ohwi var. *montana* (Lour.) van der Maesen

蝶形花科 Papilionaceae
葛属 *Pueraria*

形态特征： 多年生落叶缠绕性藤本植物。全株有黄色长硬毛；块根肥厚。羽状复叶，对生，顶生小叶宽卵形，长大于宽。总状花序，腋生，苞片线状披针形至线形，小苞片卵形，花萼筒钟形，花冠紫红色，旗瓣圆形。荚果条形，密被黄色长硬毛。花期7～9月，果期10～12月。

分布： 产云南、四川、贵州、湖北、浙江、江西、湖南、福建、广西、广东、海南和台湾。生于旷野灌丛中或山地疏林下。日本、越南、老挝、泰国和菲律宾亦有分布。

习性： 喜温暖、湿润的气候，喜光照充足。生长适温16～28℃。对土壤适应性强。

栽培繁殖： 播种或扦插繁殖。果熟期，采摘变为赤褐色的成熟果荚，把采得的果荚摊开晾晒，敲开果荚，收集纯净种子。种子可干藏。春末播种为宜，播种前种子用60℃的热水浸泡至室温后再浸种48小时。宜植于疏松肥沃、排水良好的壤土或砂壤土。

应用： 优良的边坡植被恢复或荒坡水土保持藤本植物。根入药，具有解表退热、生津、透疹、升阳止泻的功效。

田菁 *Sesbania cannabina* (Retz.) Pers.

蝶形花科 Papilionaceae
田菁属 *Sesbania*

形态特征：一年生草本，株高2~3.5m。茎绿色或褐红色，微被白粉。羽状复叶；小叶对生或近对生，线状长圆形，先端钝或平截，两侧不对称。总状花序，花枝疏生白色绢毛，与叶轴及花序轴均无皮刺；花冠黄色。荚果细长圆柱形，外面具黑褐色斑纹；种子有光泽，呈黑褐色短圆柱形。花果期7~12月。

分布：产海南、江苏、浙江、江西、福建、广西、云南，栽培或逸为野生。通常生于水田、水沟等潮湿低地。伊拉克、印度、中南半岛各国、马来西亚、巴布亚新几内亚、新喀里多尼亚、澳大利亚、加纳、毛里塔尼亚也有分布。

习性：喜温暖、湿润的环境，耐盐，耐涝，耐瘠薄，耐旱，抵抗病虫及风的能力强，在土壤含盐量0.3%的盐土上或pH9.5的碱地上都能生长。

栽培繁殖：播种繁殖。

应用：优良的边坡绿化植物。叶、种子入药，有清热凉血、解毒利尿的功效。茎、叶可作绿肥及牲畜饲料。

灰毛豆 *Tephrosia purpurea* (L.) Pers.

蝶形花科 Papilionaceae
灰毛豆属 *Tephrosia*

别名： 假蓝靛

形态特征： 灌木状草本，高30～60cm。茎基部木质化，幼枝被白色疏柔毛。羽状复叶；小叶7～17，长椭圆状倒披针形，正面无毛，背面被平伏短柔毛，侧脉多而密；叶轴有短柔毛；小叶柄极短；托叶锥形。总状花序顶生或与叶对生；花序轴、花萼及旗瓣的外面均有白色柔毛；花冠紫色或淡紫色。荚果扁，条状矩形，疏生短柔毛；种子肾形，长约4mm。花期3～10月。

分布： 产福建、台湾、广东、广西、云南。生于旷野及山坡。广布于全世界热带地区。

习性： 具发达根系，生长能力强，适应范围广，耐酸、耐贫瘠、耐干旱。

栽培繁殖： 播种繁殖。直播造林宜选在雨季来临第一场透雨前进行。

应用： 常与车桑子、多花木蓝等一起用于护坡工程，以代替银合欢进行绿化。是优良的绿肥植物。

檵木 *Loropetalum chinense* (R. Br.) Oliver

金缕梅科 Hamamelidaceae
檵木属 *Loropetalum*

形态特征： 灌木，有时为小乔木，多分枝，小枝有星毛。叶柄有星毛；叶片背面被星毛，先端尖锐，基部钝，不等侧。花3~8朵簇生，有短花梗，白色，比新叶先开放，或与嫩叶同时开放。蒴果卵圆形。种子圆卵形，黑色，发亮。

分布： 产我国中部、南部及西南各地；亦见于日本及印度。喜生于向阳的丘陵及山地，亦常出现在马尾松林及杉林下，是一种常见的灌木，唯在北回归线以南未见它的踪迹。

习性： 喜光，稍耐阴。适应性强，耐旱。喜温暖，耐寒冷，耐瘠薄。

栽培繁殖： 播种、嫁接或扦插繁殖。多采用半木质化当年枝扦插。宜在肥沃、湿润的微酸性土壤中种植。

应用： 良好的盆景和景观植物，可用于边坡绿化。叶用于止血，根及叶用于治疗跌打损伤，有祛瘀生新功效。

红花檵木 *Loropetalum chinense* var. *rubrum* Yieh

金缕梅科 Hamamelidaceae
檵木属 *Loropetalum*

别名：红檵木

形态特征：常绿灌木或小乔木。树皮暗灰或浅灰褐色，多分枝。嫩枝红褐色，密被星状毛。叶革质，互生，卵圆形或椭圆形，先端短尖，基部圆而偏斜，不对称，叶背面被星毛，叶正面暗红色，背面偏灰。花3~8朵簇生于小枝端；花瓣4枚，带状，紫红色，线形。蒴果近卵形，被褐色星状茸毛。花期3~4月，果期8月。

分布：我国中部、南部及西南各地；亦见于日本及印度。

习性：喜温暖，耐寒冷，喜光，稍耐阴，但阴时叶色容易变绿。适应性强，耐旱，耐瘠薄。

栽培繁殖：播种、嫁接或扦插繁殖。多采用半木质化当年枝扦插，全年均可进行，但最佳繁殖季在5~8月。宜在肥沃、湿润的微酸性土壤中种植。

应用：优良的盆景和园林景观植物，可用于边坡绿化。

黧蒴锥 *Castanopsis fissa* (Champ. ex Benth.) Rehd. et Wils.

壳斗科 Fagaceae
锥属 *Castanopsis*

别名：黧蒴、大叶锥

形态特征：乔木，高约10m，稀达20m。芽鳞、新生枝顶端及嫩叶背面均被红锈色细片状蜡鳞及棕黄色微柔毛，嫩枝红紫色。叶片形状、质地及大小均与丝锥类同。雄花多为圆锥花序，壳斗被暗红褐色粉末状蜡鳞，小苞片鳞片状，成熟壳斗圆球形或宽椭圆形，通常全包坚果，壳壁厚，裂瓣常卷曲；坚果圆球形或椭圆形，果脐位于坚果底部。花期4～6月，果期10～12月。

分布：产福建、江西、湖南、贵州、四川、广东、海南、香港、广西、云南。生于海拔约1600m以下的山地疏林中，阳坡较常见，为森林砍伐后萌生林的先锋树种之一。越南北部也有分布。

习性：喜光，速生，萌芽力强，耐瘠薄。

栽培繁殖：播种繁殖。裸根苗造林成活率较低，因此最好用容器苗造林。

应用：优良的先锋造林树种和边坡绿化树种。

狭叶山黄麻 *Trema angustifolia* (Planch.) Bl.

榆科 Ulmaceae
山黄麻属 *Trema*

形态特征： 灌木或小乔木，枝纤细，紫红色，密被细粗毛。叶卵状披针形，叶面深绿，极粗糙，叶背浅绿色，密被灰短毡毛，基出脉3，密被细粗毛。花单性，雌雄异株或同株，雄花小。核果宽卵状或近圆球形，熟时橘红色，有宿存的花被。花期4~6月，果期8~11月。

分布： 产广东、广西和云南东南部至南部。生于海拔100~1600m的向阳山坡灌丛或疏林中。印度、越南、马来西亚、缅甸、泰国和印度尼西亚也有。

习性： 喜光，耐旱，耐热。

栽培繁殖： 播种繁殖。宜植于疏松肥沃的土壤。

应用： 优良干热河谷造林和边坡绿化先锋植物。韧皮纤维可作人造棉、麻绳和造纸原料。

山黄麻 *Trema tomentosa* (Roxb.) Hara

榆科 Ulmaceae
山黄麻属 *Trema*

形态特征：小乔木或灌木，高可达10m。树皮灰褐色，平滑或细龟裂，密被短茸毛。叶纸质或薄革质，宽卵形或卵状矩圆形，稀宽披针形，基部心形，明显偏斜，叶面极粗糙，叶背被短茸毛。雄花几乎无梗，卵状矩圆形，雌花三角状卵形，具短梗。核果宽卵珠状，褐黑色或紫黑色，具宿存的花被。种子阔卵珠状，两侧有棱。花期3~6月，果期9~11月。

分布：产福建南部、台湾、广东、海南、广西、四川西南部和贵州、云南和西藏东南部至南部。生于海拔100~2000m湿润的河谷和山坡混交林中，或空旷的山坡。非洲东部、不丹、尼泊尔、印度、斯里兰卡、孟加拉国、中南半岛各国、印度尼西亚、日本和南太平洋诸岛也有分布。

习性：喜光，喜温暖、干热气候，耐干旱、瘠薄。

栽培繁殖：播种繁殖。宜植于疏松肥沃土壤。

应用：优良的干热河谷造林和边坡绿化先锋树种。韧皮纤维可作人造棉、麻绳和造纸原料。

榔榆 *Ulmus parvifolia* Jacq.

榆科 Ulmaceae
榆属 *Ulmus*

别名： 小叶榆

形态特征： 落叶乔木，高达25m。树皮呈不规则鳞状薄片剥落，露出红褐色内皮，近平滑；当年生枝密被短柔毛，深褐色。叶质地厚，披针状卵形或窄椭圆形，先端尖或钝，基部偏斜，边缘从基部至先端有钝而整齐的单锯齿；叶秋季呈现红色或黄色，翌春开放新叶时方脱落。花秋季开放，3～6数在叶腋簇生或排成簇状聚伞花序。翅果椭圆形或卵状椭圆形。花果期8～10月。

分布： 分布几遍全国。生于平原、丘陵、山坡及谷地。日本、朝鲜也有分布。

习性： 喜光，喜温暖，耐干旱，对土壤要求不严。萌芽力强，对烟尘抗性较强。

栽培繁殖： 播种或扦插繁殖。选取1～2年生枝条，插穗长7～8cm，先用生根粉浸泡后扦插，可提高生根、发芽率。宜植于肥沃、排水良好的中性土壤。

应用： 优良的园林绿化树种和盆景材料，可用于缓坡绿化。

构树 *Broussonetia papyrifera* (Linn.) L'Hér. ex Vent.

桑科 Moraceae
构属 *Broussonetia*

别名：楮、楮桃

形态特征：乔木或灌木状植物，高10～20m。小枝密被灰色粗毛。叶宽卵形或长椭圆状卵形，先端尖，基部近心形、平截或圆，具粗锯齿；小树之叶常有明显分裂，表面粗糙，疏生糙毛，背面密被茸毛，基生叶脉三出，叶柄密被糙毛。花雌雄异株，雄花序粗，雌花序头状。聚花果球形，熟时橙红色，肉质，瘦果具小瘤。花期4～5月，果期6～7月。

分布：产我国南北各地。印度、缅甸、泰国、越南、马来西亚、日本、朝鲜也有分布，野生或栽培。

习性：喜光，也耐阴，适应性强，耐干旱瘠薄，也能生长于水边，多生长于石灰岩山地，也能在酸性土及中性土壤中生长。

栽培繁殖：扦插和播种繁殖。粗生易长。

应用：优良的边坡绿化树种。树皮、叶、种子可入药，有利尿消肿、祛风利湿的功效。韧皮纤维可造纸。果实可生食，也可酿酒。嫩叶可作为饲料喂猪。

对叶榕 *Ficus hispida* Linn.

桑科 Moraceae
榕属 *Ficus*

形态特征： 灌木或小乔木，被糙毛。叶常对生，厚纸质，卵状长椭圆形或倒卵状长圆形，先端尖或短尖，具锯齿。榕果腋生或生于落叶枝上，或老茎发出的下垂枝上，陀螺形，熟时黄色，散生苞片及粗毛。花期6～7月，果期6～7月。

分布： 产广东、海南、广西、云南、贵州。海拔120～1600m。尼泊尔、不丹、印度、泰国、越南、马来西亚至澳大利亚也有分布。

习性： 喜生于沟谷潮湿地带，常见于南方的郊野，对土质的要求不高，各类土上均能生长。

栽培繁殖： 扦插或播种繁殖。粗生易长。

应用： 良好的园林绿化和边坡绿化树种。根、叶入药，具有清热利湿、消积化痰、行气散瘀的功效。

九丁榕 *Ficus nervosa* B. Heyne ex Roth

桑科 Moraceae
榕属 *Ficus*

形态特征：乔木。叶薄革质，椭圆形至长椭圆状披针形或倒卵状披针形，先端短渐尖，有钝头，基部圆形至楔形。榕果单生或成对腋生，球形或近球形，幼时表面有瘤体，基部缢缩成柄；雄花、瘿花和雌花同生于一榕果内；雄花具梗，生于内壁近口部，花被片2，匙形，雄蕊1枚；瘿花有梗或无梗。花期1~8月。

分布：产台湾、福建、广东、海南、广西、云南、四川、贵州。海拔400~1600m。越南、缅甸、印度、斯里兰卡有分布。

习性：生长迅速，适应性强，耐干旱、耐瘠薄、抗风、抗污染。

栽培繁殖：播种或扦插繁殖。粗生易长。

应用：优良的边坡绿化树种。

薜荔　*Ficus pumila* Linn.

桑科 Moraceae
榕属 *Ficus*

别名： 凉粉子

形态特征： 攀缘或匍匐灌木。叶二型，不结果枝节上生不定根，叶卵状心形，薄革质；结果枝上无不定根，革质，卵状椭圆形，全缘，正面无毛，背面被黄褐色柔毛。隐头花序倒卵形或梨形，单生叶腋。瘦果，果序托具短柄，倒卵形。花期4~5月，果期9~10月。

分布： 产福建、江西、浙江、安徽、江苏、台湾、湖南、广东、广西、贵州、云南东南部、四川及陕西。北方偶有栽培。日本、越南北部也有分布。

习性： 喜温暖湿润气候，抗逆性强，对水分、光照、温度、土壤pH、土质等条件要求不高。抗二氧化硫和尘埃能力强。

栽培繁殖： 播种、扦插、嫁接、压条或组织培养繁殖，以扦插和压条最宜。硬枝扦插于2~3月树液流动前，选取去年生营养枝，剪15cm长的插条，除留上端2~3叶外，其余叶抹去，插于山泥或疏松的砂壤土中，上搭阴棚，有利于生根发芽。压条于4~6月将营养枝作波状压条，选粗壮枝蔓匍匐于地表浅沟，覆土3~4cm，保持土壤湿润，2个月即可生根。

应用： 良好的垂直绿化和边坡绿化植物。瘦果水洗可作凉粉。茎、叶供药用，有祛风除湿、活血通络作用。

笔管榕 *Ficus subpisocarpa* Gagnep.
[*Ficus superba* var. *japonica* Miq.]

桑科 Moraceae
榕属 *Ficus*

形态特征： 落叶乔木，有时有气生根；树皮黑褐色，小枝淡红色。叶互生或簇生，近纸质，椭圆形至长圆形，先端短渐尖，基部圆形，边缘全缘或微波状，侧脉7~9对；托叶膜质，微被柔毛，披针形，早落。榕果单生或成对或簇生于叶腋或生无叶枝上，扁球形，成熟时紫黑色；雄花、瘿花、雌花生于同一榕果内。花期4~6月。

分布： 产台湾、福建、浙江、海南、云南南部。常见于海拔140~1400m平原或村庄。日本及中南半岛各国有分布。

习性： 喜温暖湿润气候，喜光也耐阴，不耐寒，喜湿，耐干旱，适应性强。

栽培繁殖： 常用扦插、压条等方式繁殖，目前多用扦插繁殖。粗生易长。

应用： 良好的园林绿化和缓坡绿化树种。

地果 *Ficus tikoua* Bur.

桑科 Moraceae
榕属 *Ficus*

别名：地瓜、地瓜榕

形态特征：匍匐木质藤本，茎上生细长不定根，节膨大，高可达40cm。叶坚纸质，倒卵状椭圆形，先端急尖，基部圆形至浅心形，基生侧脉较短，侧脉表面被短刺毛，托叶披针形。榕果成对或簇生于匍匐茎上，常埋于土中，球形至卵球形，基生苞片细小；雄花生榕果内壁孔口部，无柄，雌花生另一植株榕果内壁，有短柄。瘦果卵球形，表面有瘤体。花期5~6月，果期7月。

分布：产湖南、湖北、广西、贵州、云南、西藏、四川、甘肃、陕西南部。常生于荒地、草坡或岩石缝中。印度东北部、越南北部、老挝也有分布。

习性：喜温暖湿润气候，为阳性植物，耐半阴，耐干旱，也耐水淹。

栽培繁殖：播种和扦插繁殖。常采用扦插繁殖，一般在3月上旬至4月上旬气温升高后进行，在雨季栽种，成活率高达90%以上。

应用：优良的水土保持植物。榕果成熟可食。全草可药用。

斜叶榕 *Ficus tinctoria* subsp. *gibbosa* (Blume) Corner

桑科 Moraceae
榕属 *Ficus*

形态特征： 小乔木，幼时多附生。小枝褐色。叶革质，变异很大，排为两列，卵状椭圆形或近菱形，两侧极不相等，大小幅度相差很大，两面无毛，背面略粗糙，网脉明显。隐头花序，雌雄异株；榕果球形或球状梨形，单生或成对腋生，瘿花与雄花花被相似。花果期冬季至翌年6月。

分布： 产海南、台湾。常生于山谷湿润的林中或岩石上。菲律宾、印度尼西亚、巴布亚新几内亚、澳大利亚、密克罗尼西亚群岛、波利尼西亚至塔希提岛等地也有分布。

习性： 喜光，耐瘠薄，稍耐阴，稍耐旱，萌芽力强，耐修剪和蟠扎，根系发达，常穿石或连成根网。

栽培繁殖： 播种繁殖或扦插法繁殖。宜在土层深厚、肥沃疏松、排水良好的砖红土壤中种植。

应用： 优良的边坡绿化植物。皮药用，清热利湿，解毒。叶能祛痰止咳、活血通络。

桑 *Morus alba* L.

桑科 Moraceae
桑属 *Morus*

别名： 桑树

形态特征： 灌木或乔木。叶卵形或广卵形，先端急尖、渐尖或圆钝，基部圆形至浅心形，边缘锯齿粗钝。花单性，腋生或生于芽鳞腋内，与叶同时生出；雄花序下垂，密被白色柔毛；雌花序被毛。聚花果卵状椭圆形，成熟时红色或暗紫色。花期4～5月，果期5～8月。

分布： 原产我国中部和北部，现从东北至西南各地、西北直至新疆均有栽培。朝鲜、日本、蒙古国、中亚各国、欧洲各国以及印度、越南亦均有栽培。

习性： 喜光，耐寒，耐旱，耐水湿能力极强。喜温暖湿润气候，对土壤的适应性强，耐瘠薄和轻碱性。根系发达，抗风力强。萌芽力强，耐修剪。有较强的抗烟尘、抗有毒气体能力。

栽培繁殖： 播种、扦插、分根、嫁接繁殖皆可，常用压条繁殖，根据用途，培育成高干、中干、低干等多种形式。宜植于土层深厚、湿润、肥沃土壤。

应用： 良好的边坡绿化及经济树种。根皮、果实及枝条可入药。叶为养蚕的主要饲料，亦作药用，并可作土农药。桑葚可食，可酿酒，称桑子酒。

枸骨 *Ilex cornuta* Lindl. et Paxt.

别名：枸骨冬青

形态特征：常绿灌木或小乔木，高1~3m。叶片厚革质，二型，四角状长圆形或卵形，先端具3枚尖硬刺齿，中央刺齿常反曲，基部圆形或近截形，两侧各具1~2刺齿。花序簇生于2年生枝的叶腋内；花淡黄色，4基数。果球形，成熟时鲜红色。花期4~5月，果期10~12月。

分布：产江苏、上海、安徽、浙江、江西、湖北、湖南等地。生于海拔150~1900m的山坡、丘陵等的灌丛、疏林中以及路边、溪旁和村舍附近。朝鲜也有分布。

习性：喜温暖、阳光充足的环境，耐阴，耐寒，能耐5℃的短暂低温。

栽培繁殖：播种或扦插繁殖。由于其种皮坚硬，种胚休眠，秋季采下的成熟种子需在潮湿低温条件下贮藏至翌年春季播种。嫩枝扦插在梅雨季节进行，成活率较高。宜植于排水良好的酸性肥沃土壤。

应用：优良的庭园观赏和边坡绿化植物。根、枝叶和果入药，根有滋补强壮、活络、清风热、祛风湿之功效。

铁冬青 *Ilex rotunda* Thunb.

冬青科 Aquifoliaceae
冬青属 *Ilex*

别名： 救必应

形态特征： 常绿乔木，高5～15m。树皮淡绿灰色而平滑，内皮黄色；茎枝灰绿色，圆柱形，有棱。单叶互生；叶仅见于当年生枝上，叶片薄革质或纸质，卵形、倒卵形或椭圆形，先端短渐尖，基部楔形或钝，全缘，稍反卷。花单性，雌雄异株；聚伞花序或伞状花序，具4～6～13花，单生于当年生枝的叶腋内。果为浆果状核果，熟时红色。花期5～6月，果期10～11月。

分布： 产我国长江流域以南各地。生于海拔400～1100m的山坡常绿阔叶林中和林缘。朝鲜、日本和越南北部也有分布。

习性： 喜温暖湿润气候，耐阴、耐瘠、耐旱、耐霜冻，抗大气污染。

栽培繁殖： 一般采用播种繁殖，12月从树上采下果实，取出种子，用湿沙低温贮藏1年，由于铁冬青种子很小，播种时必须将种子与草木灰或细土混合均匀。铁冬青出苗比较整齐，发芽率高。宜植于疏松肥沃、排水良好的酸性土壤。

应用： 优良的园林绿化和边坡绿化树种。叶和树皮入药，有凉血散血、清热利湿、消炎解毒、消肿镇痛之功效。

南蛇藤 *Celastrus orbiculatus* Thunb.

卫矛科 Celastraceae
南蛇藤属 *Celastrus*

形态特征： 攀缘状灌木。叶宽倒卵形、近圆形或椭圆形，基部宽楔形或近圆形，具锯齿，两面无毛或下面沿脉疏被柔毛。聚伞花序腋生，间有顶生；花瓣倒卵状椭圆形或长圆形；花盘浅杯状，裂片浅；雌花花冠较雄花窄小；子房近球形。蒴果近球形。花期5～6月，果期7～10月。

分布： 产黑龙江、吉林、辽宁、内蒙古、河北、山东、山西、河南、陕西、甘肃、江苏、安徽、浙江、江西、湖北、四川。生于海拔450～2200m山坡灌丛。朝鲜、日本有分布。

习性： 喜光，耐阴，抗寒，耐旱，对土壤要求不严。

栽培繁殖： 播种、扦插、压条繁殖均可。宜植于背风向阳、湿润而排水好的肥沃砂质壤土中。

应用： 优良的垂直绿化和边坡绿化树种。根、藤入药，祛风活血、消肿止痛。

扶芳藤 *Euonymus fortunei* (Turcz.) Hand.-Mazz.

卫矛科 Celastraceae
卫矛属 *Euonymus*

形态特征： 常绿藤状灌木，高1至数米。叶薄革质，椭圆形、长方椭圆形或长倒卵形，宽窄变异较大，可窄至近披针形，先端钝或急尖，基部楔形。聚伞花序3～4次分枝；花白绿色，4数。蒴果粉红色，果皮光滑，近球状；种子长椭圆状，棕褐色，假种皮鲜红色，全包种子。花期6月，果期10月。

分布： 产我国黄河流域以南地区。生长于山坡丛林中。日本和朝鲜也有分布。

习性： 喜光且耐阴，较耐寒；对土壤要求不严，耐瘠薄干旱，以温暖湿润环境为佳。

栽培繁殖： 播种、压条或扦插繁殖。即采即播或沙藏后春播；扦插繁殖，因其萌芽力强，一般6～7月扦插极易成活。

应用： 良好的垂直绿化和边坡绿化植物。茎枝入药，有舒筋活络、止血消肿的功效。主治腰肌劳损、风湿痹痛、咯血、血崩、月经不调、跌打骨折、创伤出血。

冬青卫矛 *Euonymus japonicus* Thunb.

卫矛科 Celastraceae
卫矛属 *Euonymus*

别名： 大叶黄杨

形态特征： 常绿灌木，高达3m。小枝近四棱形。叶片革质，表面有光泽；倒卵形或狭椭圆形；顶端尖或钝，基部楔形，边缘有细锯齿。花绿白色，4数，5~12朵排列成密集的聚伞花序，腋生。蒴果近球形，有4浅沟；种子棕色，假种皮橘红色。花期6~7月，果熟期9~10月。

分布： 原产日本。我国南北均有栽培。

习性： 喜光，较耐寒，耐干旱瘠薄。适应性强，酸性土、中性土或微碱性土均能适应。萌生性强，极耐修剪整形。对二氧化硫有较强的抗性。

栽培繁殖： 以扦插繁殖为主。硬枝插在春、秋两季进行，软枝插在夏季进行。

应用： 优良的绿篱树种。可用于边坡绿化。

蔓胡颓子 *Elaeagnus glabra* Thunb.

胡颓子科 Elaeagnaceae
胡颓子属 *Elaeagnus*

形态特征： 攀缘灌木。高达5m，无刺；幼枝被锈色鳞片。叶革质或薄革质，卵状或卵状椭圆形，基部圆，正面深绿色，有光泽，背面铜绿色或灰绿色。花淡白色，下垂，密被银白色和少数褐色鳞片；萼筒漏斗形，花梗不长，花丝更短；花柱无毛，顶端弯曲；果长圆形，被锈色鳞片，熟时红色。花期9~11月，果期翌年4~5月。

分布： 产江苏、浙江、福建、台湾、安徽、江西、湖北、湖南、四川、贵州、广东、广西；常生于海拔1000m以下的向阳林中或林缘。日本也有分布。

习性： 喜光，喜温暖，能耐干旱，稍耐寒冷，耐贫瘠，对土壤要求不严。

栽培繁殖： 播种繁殖和扦插繁殖。

应用： 优良的水土保持树种和边坡绿化植物，荒山造林绿化先锋树种。果可食或酿酒；叶有收敛止泻、平喘止咳之效；根行气止痛，治风湿骨痛、跌打肿痛、肝炎、胃病。

牛奶子 *Elaeagnus umbellata* Thunb.

胡颓子科 Elaeagnaceae
胡颓子属 *Elaeagnus*

形态特征： 落叶灌木，高1~4m，具长1~4cm的刺。幼枝密被银白色和少数黄褐色鳞片，有时全被深褐色或锈色鳞片。叶纸质或膜质，椭圆形至卵状椭圆形或倒卵状披针形，正面幼时具白色星状短柔毛或鳞片，成熟后全部或部分脱落，干燥后淡绿色或黑褐色，背面密被银白色和散生少数褐色鳞片。花较叶先开放，黄白色，芳香，密被银白色盾形鳞片，1~7花簇生新枝基部，单生或成对生于幼叶叶腋。果实近球形或卵圆形，被银白色或有时全被褐色鳞片，成熟时红色。花期4~5月，果期7~8月。

分布： 产华北、华东、西南各地和陕西、甘肃、青海、宁夏、辽宁、湖北。生长于海拔20~3000m向阳的林缘、灌丛中、荒坡上和沟边。日本、朝鲜、中南半岛各国、印度、尼泊尔、不丹、阿富汗、意大利等均有分布。

习性： 喜光，耐旱、耐寒、耐瘠薄。

栽培繁殖： 播种、扦插或根蘖繁殖。枝干沙埋后能生不定根。春季播种时用热水浸种，也可秋播。

应用： 根系发达，是水土保持和防沙造林的良好树种。可用于边坡绿化。果实可生食，制果酒、果酱等。果实、根和叶亦可入药。

异叶地锦 *Parthenocissus dalzielii* (Bl.) Merr.

葡萄科 Vitaceae
地锦属 *Parthenocissus*

别名： 异叶爬山虎

形态特征： 木质藤本。多分枝，有卷须和气生根，卷须总状5~8分枝，相隔2节间断与叶对生，顶端有吸盘。叶掌状3裂，先端有粗锯齿。在幼苗及嫩枝上有三小叶形成的复叶，或呈广卵状单叶。叶子到秋季逐渐变黄、变红色。聚伞房花序，花淡黄色。果实球形，熟果蓝黑色。花期6~8月，果期9~11月。

分布： 产河南、湖北、湖南、江西、浙江、福建、台湾、广东、广西、四川、贵州。生于海拔200~3800m的山崖陡壁、山坡或山谷林中或灌丛岩石缝中。

习性： 喜高温多湿的环境，喜阴，亦不畏强光，耐寒冷，耐干旱，适应性强，一般土壤均能生长。生长快，攀缘能力极强。

栽培繁殖： 播种、扦插或压条繁殖。播种法：采收的种子晒干后可放在湿沙中低温贮藏，保温、保湿有利于催芽，翌年3月上中旬即可露地播种，覆盖薄膜，5月上旬即可出苗，培养1~2年即可出圃。扦插法：早春剪取茎蔓20~30cm，插入露地苗床，灌水，保持湿润，很快便可抽蔓成活，也可在夏、秋季用嫩枝带叶扦插，遮阴浇水养护，能很快抽生新枝，扦插成活率较高。

应用： 优良的垂直绿化和边坡绿化植物。

葡萄科 Vitaceae

地锦 *Parthenocissus tricuspidata* (Sieb. et Zucc.) Planch.

葡萄科 Vitaceae
地锦属 *Parthenocissus*

别名： 爬墙虎

形态特征： 木质藤本。卷须5～9分枝，相隔2节间断与叶对生。卷须顶端嫩时膨大呈圆珠形，后遇附着物扩大成吸盘。叶为单叶，通常着生在短枝上为3浅裂，时有着生在长枝上者小型不裂，叶片通常倒卵圆形，顶端裂片急尖，基部心形，边缘有粗锯齿，基出脉5，中央脉有侧脉3～5对，网脉上面不明显，下面微突出。花序着生在短枝上，基部分枝，形成多歧聚伞花序；花瓣5，长椭圆形。果实球形，有种子1～3颗；种子倒卵圆形，顶端圆形，基部急尖成短喙。花期5～8月，果期9～10月。

分布： 产吉林、辽宁、河北、河南、山东、安徽、江苏、浙江、福建、台湾。生于海拔150～1200m的山坡崖石壁或灌丛。朝鲜、日本也有分布。

习性： 喜阴湿，不畏强烈阳光。耐寒，耐高温，抗干旱，适应性强，一般土壤皆能生长。

栽培繁殖： 播种、扦插或压条繁殖。以扦插为主，于6～7月采集半木质化嫩枝，剪成10～15cm长的插穗，上剪口距芽1cm平剪，下剪口距芽0.5cm斜剪，20～25天便可生根。

应用： 优良的垂直绿化和边坡绿化植物。全草入药，有清热解毒、利尿、通乳、止血及杀虫作用。

黄皮 *Clausena lansium* (Lour.) Skeels

芸香科 Rutaceae
黄皮属 *Clausena*

形态特征： 小乔木，高达12m。小枝、叶轴、花序轴，尤以未张开的小叶背脉上散生甚多明显凸起的细油点且密被短直毛。叶有小叶5~11片，小叶呈卵形或卵状椭圆形，两侧不对称。花蕾圆球形，花瓣长圆形；子房密被直长毛。果圆形、椭圆形或阔卵形，淡黄至暗黄色；果肉乳白色，半透明；子叶深绿色。花期4~5月，果期7~8月。产海南的其花果期均提早1~2个月。

分布： 原产我国南部。台湾、福建、广东、海南、广西、贵州南部、云南及四川金沙江河谷均有栽培。世界热带及亚热带地区间有引种。

习性： 喜温暖、湿润、阳光充足的环境。对土壤要求不严。

栽培繁殖： 以播种繁殖为主，果实置阴凉处堆沤数天至腐烂，脱去皮肉晾干即可播种。宜在疏松、肥沃的壤土种植。

应用： 良好的园林绿化和边坡绿化树种。重要水果，除鲜食外尚可盐渍或糖渍成凉果。有消食、顺气、除暑热功效。根、叶及果核（即种子）有行气、消滞、解表、散热、止痛、化痰功效。

小花山小橘 *Glycosmis parviflora* (Sims) Kurz

芸香科 Rutaceae
山小橘属 *Glycosmis*

别名： 山小橘

形态特征： 灌木或小乔木，高1~3m。叶有小叶2~4片，稀5片或兼有单小叶；小叶片椭圆形、长圆形或披针形，有时倒卵状椭圆形，侧脉颇明显。圆锥花序腋生及顶生；花序轴、花梗及萼片常被早脱落的褐锈色微柔毛；花瓣白色；雄蕊10枚，极少8枚，药隔顶端有1油点。果圆球形或椭圆形，淡黄白色转淡红色或暗朱红色，半透明油点明显。花期3~5月，果期7~9月。通常除冬、春初季节外，常在同一树上有成熟果同时开花。

分布： 产台湾、福建、广东、广西、贵州、云南六省区的南部及海南。生于低海拔缓坡或山地杂木林，路旁树下的灌木丛中亦常见，很少见于海拔达1000m的山地。越南东北部也有分布。

习性： 喜半阴、温暖湿润气候。

栽培繁殖： 播种繁殖和扦插繁殖。宜植于酸性砂质壤土。

应用： 良好的盆栽观赏和边坡绿化植物。根及叶作草药，味苦，微辛，气香，性平。根行气消积、化痰止咳；叶有散瘀消肿功效。

九里香 *Murraya exotica* L.

芸香科 Rutaceae
九里香属 *Murraya*

形态特征： 常绿灌木，有时可长成小乔木。叶有小叶3～5～7片，小叶倒卵形或倒卵状椭圆形，两侧常不对称，全缘。聚伞花序，通常顶生或顶生兼腋生；花白色，芳香；花瓣5片，长椭圆形，盛花时反折。果橙黄至朱红色，阔卵形或椭圆形，果肉有黏胶质液，种子有短的棉质毛。花期4～8月，也有秋后开花的，果期9～12月。

分布： 产台湾、福建、广东、海南、广西五省区南部。常见于离海岸不远的平地、缓坡、小丘的灌木丛中。

习性： 喜温暖湿润气候，喜光，稍耐阴，不耐寒。最适生长温度20～32℃。

栽培繁殖： 播种、压条或扦插繁殖。宜植于深厚、肥沃及排水良好的中性或微碱性砂质壤土。

应用： 优良的香花观赏植物和盆景材料，可用于边坡绿化。茎叶煎剂有局部麻醉作用。

簕檔花椒 *Zanthoxylum avicennae* (Lam.) DC.

芸香科 Rutaceae
花椒属 *Zanthoxylum*

别名： 鹰不泊、花椒簕、鸡咀簕

形态特征： 落叶乔木。高 12（15）m。树干具鸡爪状刺。奇数羽状复叶，列生，小叶 11～21 片，斜卵形、斜长方形或呈镰刀状，全缘，或中部以上疏裂齿，鲜叶的油点肉眼可见。伞房花序顶生，花多；萼片绿色，花瓣黄白色。果紫红色，有粗大腺点。花期 6～8 月，果期 10 月至翌年 2 月。

分布： 产广东、海南、广西、福建、台湾、云南。生于低海拔平地、坡地或谷地，多见于次生林中。菲律宾、越南北部也有分布。

习性： 喜光，耐旱，耐瘠薄，抗性强，生长快。

栽培繁殖： 播种繁殖。种子采收后，即采即播，或混湿沙储藏，翌年春季播种。

应用： 常用作绿篱。可用于边坡植被恢复。果实、根、茎和树皮等药用，具有祛风化湿、消肿通络等功效。

楝 *Melia azedarach* L.

楝科 Meliaceae
楝属 *Melia*

别名： 苦楝、楝树

形态特征： 落叶乔木。高10m；树皮灰褐色，纵裂，分枝广展，小枝有叶痕。二至三回奇数羽状复叶互生；小叶对生，卵形或椭圆形，基部楔形或圆形，边缘有钝齿。腋生圆锥花序，花浅紫色，萼钟形5裂，花瓣5枚。核果球形，熟时淡黄色。花期4~5月，果期10~11月。

分布： 产我国黄河以南各地，较常见。生于低海拔旷野、路旁或疏林中，目前已广泛引为栽培。广布于亚洲热带和亚热带地区，温带地区也有栽培。

习性： 喜温暖、湿润气候，喜光，不耐庇荫，较耐寒，华北地区幼树易受冻害。在酸性、中性和碱性土壤中均能生长，在盐渍地上也能良好生长。耐干旱、瘠薄，也能生长于水边。生性强健，萌芽力强，抗风，耐烟尘，抗二氧化硫和抗病虫害能力强。

栽培繁殖： 播种、分根、萌芽繁殖均可。

应用： 优良的园林绿化和边坡绿化树种。根皮、茎皮、枝叶和果均可作农药。

茶条木 *Delavaya toxocarpa* Franch.

无患子科 Sapindaceae
茶条木属 *Delavaya*

形态特征： 灌木或小乔木，高3~8m，树皮褐红色。小枝略有沟纹，小叶薄革质，中间一片椭圆形或卵状椭圆形，有时披针状卵形，全部小叶边缘均有稍粗的锯齿，两面无毛；侧脉纤细。花序狭窄，柔弱而疏花；萼片近圆形，凹陷，花瓣白色或粉红色，长椭圆形或倒卵形，鳞片阔倒卵形、楔形或正方形，上部边缘流苏状；花丝无毛。蒴果深紫色。花期4月，果期8月。

分布： 产云南大部分地区、广西西部和西南部。生于海拔500~2000m的密林中，有时亦见于灌丛。越南北部也有分布。

习性： 喜光，亦耐阴，耐寒，耐干燥瘠薄，抗病力强，适应性强。

栽培繁殖： 播种繁殖。宜植于湿润土壤。

应用： 茶条木是岩溶地区一种速生、快长并兼有荒山绿化和木本油料等用途的乡土树种。为优良的边坡绿化植物。

龙眼 *Dimocarpus longan* Lour.

无患子科 Sapindaceae
龙眼属 *Dimocarpus*

别名： 桂圆

形态特征： 常绿乔木，高通常超10m，小枝粗壮，被微柔毛，散生苍白色皮孔。叶长圆状椭圆形至长圆状披针形，薄革质，有光泽，基部极不对称。花序大型，多分枝，顶生和近枝顶腋生，密被星状毛；花瓣乳白色，披针形。果近球形，通常黄褐色或有时灰黄色；种子茶褐色，光亮。花期春夏季，果期夏季。

分布： 原产我国南部及西南部，野生或半野生于疏林中。现主要分布于广东、广西、海南、福建和台湾等地，四川、云南和贵州亦有栽培。我国栽培的历史悠久，品种多。亚洲南部和东南部也常有栽培。

习性： 亚热带果树，喜高温多湿，温度是影响其生长、结实的主要因素，一般年平均温度超过20℃的地方，均能使其生长发育良好。耐旱，耐酸，耐瘠薄，忌浸水。

栽培繁殖： 播种繁殖，以产果为目的，常用高空压条和嫁接繁殖法。用种子繁育砧木苗，嫁接优良品种。种子容易丧失发芽力，采种后，立即播种可提高种子发芽率。播种后要经常保持土壤湿润，幼苗及时摘顶，促主干增粗，2年砧木苗可嫁接。嫁接用芽贴接法或舌接法。定植行株距一般4m。宜在红壤丘陵地、干旱平地种植。

应用： 优良的蜜源植物，为华南地区重要的果树。可用于缓坡绿化。果肉除生食外，入药（称桂圆、元肉）有益脾、健脑作用。为优质用材。

车桑子 *Dodonaea viscosa* (L.) Jacq.

无患子科 Sapindaceae
车桑子属 *Dodonaea*

别名： 坡柳

形态特征： 灌木或小乔木，高1~3m或更高。小枝扁，有狭翅或棱角，覆有胶状黏液。单叶，纸质，形状和大小变异很大，顶端短尖、钝或圆，全缘或不明显的浅波状；侧脉多而密，纤细；叶柄短或近无柄。花序顶生或在小枝上部腋生，密花，主轴和分枝均有棱角；子房椭圆形，外面有胶状黏液。蒴果倒心形或扁球形，具2或3翅；种子每室1或2颗，透镜状，黑色。花期秋末，果期冬末春初。

分布： 产我国西南部、南部至东南部。常生于干旱山坡、旷地或海边的沙土上。分布于全世界的热带和亚热带地区。

习性： 喜光照充足，喜温暖，耐干旱和瘠薄，萌生力强。

栽培繁殖： 播种繁殖。采集的种子放置于通风阴凉的地方储藏，春、夏、秋季均可播种，保持土壤湿润，容易发芽。

应用： 根系发达，有丛生习性，是一种良好的固沙保土树种。常用作边坡植被恢复树种。

栾树 *Koelreuteria paniculata* Laxm.

无患子科 Sapindaceae
栾树属 *Koelreuteria*

形态特征： 落叶乔木或灌木。树皮厚，灰褐色至灰黑色，老时纵裂；树皮、小枝暗棕色，密生皮孔。叶丛生于当年生枝上，平展，一回、不完全二回或偶有为二回羽状复叶，小叶11~18片，对生或互生，纸质，卵形、阔卵形至卵状披针形。聚伞圆锥花序，花淡黄色，稍芬芳。蒴果圆锥形，具3棱，粉红至白色。花期6~7月，果期9~10月。

分布： 分布于我国大部分地区。世界各地有栽培。

习性： 喜光，稍耐阴，耐寒，耐旱，耐瘠薄，耐盐碱及短期水涝。深根性，萌蘖力强。对二氧化硫及烟尘有较强抗性。

栽培繁殖： 播种繁殖。宜采集种子后即播，或沙藏翌年春播。宜植于石灰质土壤。

应用： 优良的园林绿化和庭院观叶、观果树种。可应用于边坡绿化。叶可作蓝色染料，花供药用，亦可作黄色染料。

柠檬清风藤

Sabia limoniacea Wall. ex Hook. f. et Thoms.

清风藤科 Sabiaceae
清风藤属 *Sabia*

形态特征： 常绿攀缘木质藤本。嫩枝绿色，老枝褐色，具白蜡层。叶革质，椭圆形、长圆状椭圆形或卵状椭圆形，先端短渐尖或急尖。聚伞花序，再排成狭长的圆锥花序，花淡绿色、黄绿色或淡红色，萼片卵形或长圆状卵形，花瓣倒卵形或椭圆状卵形，顶端圆，花丝扁平；分果爿近圆形或近肾形，红色。花期8～11月，果期翌年1～5月。

分布： 产云南西南部。生于海拔800～1300m的密林中。印度北部、缅甸、泰国、马来西亚和印度尼西亚也有分布。

习性： 喜阴凉湿润的气候。在雨量充沛、云雾多、土壤和空气湿度大的条件下，植株生长健壮。

栽培繁殖： 扦插和播种繁殖。以含腐殖质多而肥沃的砂质壤土栽培为宜。

应用： 良好的边坡绿化植物。全株可入药，根、藤茎水煎服或浸酒服可治疗跌打伤、风湿关节炎；藤茎、叶水煎洗身可预防产后风。

盐肤木 *Rhus chinensis* Mill.

漆树科 Anacardiaceae
盐肤木属 *Rhus*

别名： 五倍子

形态特征： 落叶小乔木或灌木，高2～10m。小枝棕褐色，被锈色柔毛，具圆形小皮孔。奇数羽状复叶有小叶3～6对，叶轴具宽的叶状翅，小叶自下而上逐渐增大，叶轴和叶柄密被锈色柔毛；小叶多形，叶面暗绿色，叶背粉绿色，被白粉，侧脉和细脉在叶面凹陷，在叶背突起。圆锥花序宽大，多分枝，花序密被锈色柔毛。核果球形，成熟时红色。花期8～9月，果期10月。

分布： 我国除东北、内蒙古和新疆外，其余地区均有。生于海拔170～2700m的向阳山坡、沟谷、溪边的疏林或灌丛中。印度、中南半岛各国、马来西亚、印度尼西亚、日本和朝鲜也有分布

习性： 喜光，喜温暖气候，耐旱，耐寒，耐瘠薄。深根系，萌蘖性强。

栽培繁殖： 播种繁殖。播种前先用温水浸泡种子24小时，有利于发芽。

应用： 根系发达，为优良的固土护坡植物。常用于边坡植被恢复。为五倍子蚜虫寄主植物，在幼枝和叶上形成虫瘿，即为五倍子，可供鞣革、医药、塑料和墨水等工业上用。

鹅掌柴 *Schefflera heptaphylla* (Linnaeus) Frodin
[*Schefflera octophylla* (Lour.) Harms]

五加科 Araliaceae
鹅掌柴属 *Schefflera*

别名： 鸭脚木

形态特征： 常绿乔木或灌木，高2～15m，茎枝具发达髓部。掌状复叶，叶基部膨大和托叶合生成抱茎。复伞形花序聚生成大的圆锥花序，每个伞形花序由6～15朵花组成，两性花，白色，芳香，花瓣5，离生，镊合状排列，雄蕊与花瓣同数互生，子房下位5室，花柱1，花盘蜜腺淡黄色、发达，覆盖子房顶端，中心与花柱汇合呈圆锥状。花期11～12月，果期12月。

分布： 广布于西藏、云南、广西、广东、浙江、福建和台湾，为热带、亚热带地区常绿阔叶林常见的植物，有时也生于海拔100～2100m的阳坡上。日本、越南和印度也有分布。

习性： 喜温暖、湿润和半阴环境。

栽培繁殖： 播种和扦插繁殖，扦插繁殖是盆栽鹅掌柴最主要的繁殖方法。

应用： 良好的南方冬季蜜源植物，可用于边坡绿化。叶及根皮民间供药用，治疗流感、跌打损伤等症。

锦绣杜鹃 *Rhododendron × pulchrum* Sweet

杜鹃花科 Ericaceae
杜鹃花属 *Rhododendron*

别名： 毛杜鹃

形态特征： 半常绿灌木，高1.5～2.5m。枝开展，淡灰褐色，被淡棕色糙伏毛。叶薄革质，椭圆状长圆形至椭圆状披针形或长圆状倒披针形，先端钝尖，基部楔形，边缘反卷，全缘，上面深绿色；叶柄密被棕褐色糙伏毛。花芽卵球形，鳞片外面沿中部具淡黄褐色毛，内有黏质。伞形花序顶生，有花1～5朵；花梗密被淡黄褐色长柔毛。蒴果长圆状卵球形，被刚毛状糙伏毛，花萼宿存。花期4～5月，果期9～10月。

分布： 产江苏、浙江、江西、福建、湖北、湖南、广东和广西。著名栽培种，传说产我国，但至今未见野生，栽培变种和品种繁多。

习性： 喜温暖、半阴、凉爽、湿润、通风的环境。怕烈日、高温。忌碱性和重黏土。

栽培繁殖： 扦插、压条或播种繁殖。宜植于疏松、肥沃、富含腐殖质的偏酸性土壤。

应用： 优良的观花植物，可用于边坡绿化。

杜鹃 *Rhododendron simsii* Planch.

杜鹃花科 Ericaceae
杜鹃花属 *Rhododendron*

别名： 映山红

形态特征： 落叶灌木，高2～5m。多分枝，小枝、叶柄、花梗、花萼、子房和蒴果均密被平贴、红褐色或灰褐色绢质糙伏毛。叶薄革质，春发叶椭圆形至长椭圆形，很少倒披针形，顶端尖，基部楔形，两面被毛。伞形花序顶生，有花2～6朵，花冠阔漏斗形，猩红色，裂片5。蒴果卵圆形。花期2～4月，果期7～9月。

分布： 产广东、广西、江西、安徽、浙江、江苏、福建、台湾、湖南、湖北、四川、贵州和云南。生于海拔500～1200（2500）m的山地疏灌丛或松林下，为我国中南及西南典型的酸性土指示植物。

习性： 喜凉爽、湿润环境，喜半阴，忌暴晒，较耐寒，生长适温12～25℃。

栽培： 扦插繁殖为主。扦插基质由高山腐殖土、黄心土、蛭石等混合组成，扦插深度以穗长的1/3～1/2为宜，扦插完成后要喷透水，加盖薄膜保湿，遮阴。宜植于排水良好的砂壤土中。

应用： 优良的观花灌木。可用于边坡绿化。全株供药用，有行气活血、补虚，治疗内伤咳嗽、肾虚耳聋、月经不调、风湿等疾病。

柿树 *Diospyros kaki* L. f.

柿科 Ebenaceae
柿属 *Diospyros*

形态特征：落叶乔木，高达10m；树皮鳞片状开裂。叶互生，卵状椭圆形、阔椭圆形或倒卵形，先端渐尖或急尖，基部楔形、阔楔形或近圆形，侧脉5～7对。雄花通常3朵组成聚伞花序；花冠坛状。果卵球形或扁球形，熟时橙黄色或深橙红色。花期4～6月，果期7～11月。

分布：原产我国长江流域，现南北各地多有栽培。日本、印度、欧洲等地也有引种。

习性：深根性、阳性树种，喜温暖气候，较能耐寒，耐瘠薄，抗旱性强，不耐盐碱土。

栽培繁殖：播种或嫁接繁殖。宜植于深厚、肥沃、湿润、排水良好的中性土壤。

应用：著名果树，也是优良的风景树。可应用于边坡绿化。在医药上，柿子能止血润便、缓和痔疾肿痛、降血压。柿饼可以润脾补胃、润肺止血。柿霜饼和柿霜能润肺生津、祛痰镇咳、压胃热、解酒、疗口疮。柿蒂下气止呃，治呃逆和夜尿症。

硃砂根 *Ardisia crenata* Sims

紫金牛科 Myrsinaceae
紫金牛属 *Ardisia*

形态特征：灌木，高1~2m。茎粗壮，除侧生特殊花枝外，无分枝。叶片革质或坚纸质，椭圆形、椭圆状披针形至倒披针形，顶端急尖或渐尖，基部楔形，边缘具皱波状或波状齿，具明显的边缘腺点。伞形花序或聚伞花序，着生花枝顶端；花瓣白色，盛开时反卷。果球形，鲜红色，具腺点。花期5~6月，果期10~12月，有时翌年2~4月。

分布：产我国西藏东南部至台湾、湖北至海南岛等地区，生于海拔90~2400m的疏、密林下阴湿的灌木丛中。印度、缅甸经马来半岛各国、印度尼西亚至日本均有分布。

习性：喜温暖、湿润、荫蔽、通风良好的环境，生长适温为16~30℃。不耐旱瘠和暴晒，在全日照阳光下生长不良，亦不适于水湿环境。

栽培繁殖：扦插、压条或播种繁殖。宜在土层疏松湿润、排水良好和富含腐殖质的酸性或微酸性的砂质壤土中种植。

应用：优良的观果植物。可用于边坡绿化。根、叶可祛风除湿、散瘀止痛、通经活络。

大罗伞树 *Ardisia hanceana* Mez

紫金牛科 Myrsinaceae
紫金牛属 *Ardisia*

形态特征： 灌木，高0.8～1.5m。茎通常粗壮，除侧生花枝外，无分枝。叶坚纸质或略厚，椭圆状或长圆状披针形，先端长骤尖或渐尖，基部楔形，齿间具边缘腺点，两面无毛，背面近边缘常具隆起疏腺点，边缘脉近边缘，侧脉12～18对。萼片卵形，具腺点或腺点不明显；花瓣白或带紫色，具腺点；花药箭状披针形，背部具疏大腺点。果为球形，深红色，腺点不明显。花期5～6月，果期11～12月。

分布： 产浙江、安徽、江西、福建、湖南、广东、广西。生于海拔430～1500m的山谷、山坡林下及阴湿之地。

习性： 喜温暖、荫蔽或半阴的环境。

栽培繁殖： 扦插、压条或播种繁殖。宜植于疏松、富含腐殖质、湿润的土壤。

应用： 优良的观果植物。可用于边坡绿化。

虎舌红 *Ardisia mamillata* Hance

紫金牛科 Myrsinaceae
紫金牛属 *Ardisia*

形态特征： 矮小灌木。具匍匐木质根茎，直立茎高不超15cm，幼时密被锈色卷曲长柔毛，以后无毛或几无毛。叶互生或簇生于茎顶端，叶倒卵形至长圆状倒披针形，被锈色或有时为紫红色糙伏毛。伞形花序，着生于侧生特殊花枝顶端；花萼基部连合，萼片披针形或狭长圆状披针形，花瓣粉红色；稀白色。果球形，鲜红色，多少具腺点。花期6～7月，果期11月至翌年1月，有时可到6月。

分布： 产四川、贵州、云南、湖南、广西、广东、福建，生于海拔500～1200（1600）m的山谷密林下、阴湿之地。越南亦有分布。

习性： 喜温暖、荫蔽或半阴的环境。

栽培繁殖： 扦插、压条或播种繁殖。宜植于疏松、富含腐殖质、湿润的土壤。

应用： 优良的盆栽观果和地被植物。可用于边坡绿化。全草有清热利湿、活血止血、去腐生肌等功效。

酸藤子 *Embelia laeta* (L.) Mez

紫金牛科 Myrsinaceae
酸藤子属 *Embelia*

形态特征： 攀缘灌木或藤本，稀小灌木，长1~3m。叶片坚纸质，倒卵形或长圆状倒卵形，叶背面常被薄白粉，中脉隆起，侧脉不明显。总状花序，腋生或侧生，生于前年无叶枝上，有花3~8朵；花4数，花萼基部连合达1/2或1/3，萼片具腺点；花瓣白色或带黄色，具腺点，开花时强烈展开。果球形，腺点不明显。花期12月至翌年3月，果期4~6月。

分布： 产云南、广西、广东、江西、福建、台湾。生于海拔100~1500（1850）m的山坡疏、密林下或疏林缘或开阔的草坡、灌木丛中。越南、老挝、泰国、柬埔寨均有分布。

习性： 喜温暖、荫蔽或半阴的环境。

栽培繁殖： 扦插、压条或播种繁殖。宜植于疏松、富含腐殖质、湿润的土壤。

应用： 良好的攀缘植物。可用于边坡绿化。根、叶可散瘀止痛、收敛止泻。嫩尖和叶可生食，味酸；果亦可食，有强壮补血的功效。

多脉酸藤子 *Embelia oblongifolia* Hemsl.

紫金牛科 Myrsinaceae
酸藤子属 *Embelia*

形态特征： 攀缘灌木或藤本，稀小乔木。叶片坚纸质，长圆状卵形至椭圆状披针形，边缘通常上半部具粗疏锯齿，叶面中脉下凹，侧脉不甚明显，背面中脉、侧脉隆起，侧脉（10）15～20对，常连成不明显的边缘脉，与中脉几成垂直。总状花序，腋生，被锈色微柔毛；花5数；花瓣淡绿色或白色，分离，里面密被乳头状突起，具腺点。果球形，红色，多少具腺点，宿存萼反卷。花期10月至翌年2月，果期11月至翌年3月。

分布： 产贵州、云南、广西、广东。生于海拔300～1900m的山谷、山坡疏、密林中，或溪边、河边林中。越南亦有分布。

习性： 喜温暖、荫蔽或半阴的环境。

栽培繁殖： 扦插、压条或播种繁殖。宜植于疏松、富含腐殖质、湿润的土壤。

应用： 良好的攀缘植物。可用于边坡绿化。果可驱蛔虫、绦虫，亦可止泻、祛风。

白花酸藤果 *Embelia ribes* Burm. f.

紫金牛科 Myrsinaceae
酸藤子属 *Embelia*

别名： 白花酸藤子

形态特征： 攀缘灌木或藤本。叶片坚纸质，倒卵状椭圆形或长圆状椭圆形，中脉隆起，侧脉不明显；叶柄长，两侧具狭翅。圆锥花序，顶生，枝条初时斜出，以后呈辐射展开与主轴垂直；花瓣淡绿色或白色，分离，椭圆形或长圆形。果球形或卵形，红色或深紫色，无毛，干时具皱纹或隆起的腺点。花期1～7月，果期5～12月。

分布： 产贵州、云南、广西、广东、福建。生于海拔50～2000m的林内、林缘灌木丛中，或路边、坡边灌木丛中。印度以东至印度尼西亚均有分布。

习性： 喜温暖、荫蔽或半阴的环境。

栽培繁殖： 扦插、压条或播种繁殖。宜植于疏松、富含腐殖质、湿润的土壤。

应用： 良好的攀缘植物。可用于边坡绿化。根可药用，治急性肠胃炎、赤白痢、腹泻、刀枪伤、外伤出血等。果可食，味甜；嫩尖可生吃或作蔬菜，味酸。

紫金牛科Myrsinaceae — 135

网脉酸藤子 *Embelia rudis* Hand.-Mazz.

紫金牛科Myrsinaceae
酸藤子属*Embelia*

形态特征： 攀缘灌木，分枝多。叶片坚纸质，稀革质，长圆状卵形或卵形，稀宽披针形，边缘具细或粗锯齿，有时具重锯齿或几全缘，叶面中脉下凹，背面隆起，侧脉多数，直达齿尖，细脉网状，明显隆起。总状花序，腋生；花瓣分离，淡绿色或白色，外面无毛，里面中央尤其是近基部密被微柔毛或乳头状突起，具腺点。果球形，蓝黑色或带红色，具腺点，宿存萼紧贴果。花期10~12月，果期翌年4~7月。

分布： 产浙江、江西、福建、台湾、湖南、广西、广东、四川、贵州及云南。生于海拔200~1600m的山坡灌木丛中或疏、密林中及干燥和湿润溪边。

习性： 喜温暖、荫蔽或半阴的环境。

栽培繁殖： 扦插、压条或播种繁殖。宜植于疏松、富含腐殖质、湿润的土壤。

应用： 良好的攀缘植物。可用于边坡绿化。根、茎可供药用，有清凉解毒、滋阴补肾的作用，治经闭、月经不调、风湿等症。

杜茎山 *Maesa japonica* (Thunb.) Moritzi.

紫金牛科 Myrsinaceae
杜茎山属 *Maesa*

形态特征： 灌木，高 1~3（5）m。叶革质，呈椭圆形、披针状椭圆形，两面无毛，背面中脉明显，隆起。总状或圆锥花序，腋生；花冠白色，呈长钟形，花冠筒有细齿；雄蕊生于冠筒中部。果实呈球形，肉质，有脉状腺纹，宿存萼包裹顶端。花期 1~3 月；果期 10 月或翌年 5 月。

分布： 产我国西南至台湾以南各地。生于海拔 300~2000m 的山坡或石灰山杂木林下阳处，或路旁灌木丛中。日本及越南北部亦有分布。

习性： 耐阴，喜温暖、湿润的气候。

栽培繁殖： 播种、扦插或分株繁殖。宜植于富含腐殖质、湿润而排水良好的酸性土壤。

应用： 良好的绿篱植物，可用于边坡绿化。果可食，微甜；全株供药用，有祛风寒、消肿之功效。

紫金牛科 Myrsinaceae —— 137

鲫鱼胆 *Maesa perlarius* (Lour.) Merr.

紫金牛科 Myrsinaceae
杜茎山属 *Maesa*

形态特征：小灌木，高1～3m。小枝被长硬毛或短柔毛，有时无毛。叶片纸质或近坚纸质，呈广椭圆状卵形至椭圆形，边缘中上部有粗锯齿，幼时两面被密长硬毛，以后叶面除脉外近无毛，背面被长硬毛。总状花序或圆锥花序，表面有长硬毛和短柔毛；花冠白色，呈钟形，有脉状腺条纹。果实呈球形，有脉状腺条纹；宿存萼片达果中部略上，即果的2/3处，常冠以宿存花柱。花期3～4月，果期12月至翌年5月。

分布：产四川、贵州至台湾以南沿海各地。生于海拔150～1350m的山坡、路边疏林或灌丛中湿润之处。越南、泰国亦有分布。

习性：喜光和湿润环境。

栽培繁殖：播种、扦插或分株繁殖。宜植于富含腐殖质、湿润而排水良好的酸性土壤。

应用：良好的绿篱植物，可用于边坡绿化。全株药用，有消肿去腐、生肌接骨的功效。

光叶山矾 *Symplocos lancifolia* Sieb. et Zucc.

山矾科 Symplocaceae
山矾属 *Symplocos*

形态特征： 小乔木。芽、嫩枝、嫩叶背面脉上、花序均被黄褐色柔毛，小枝细长，黑褐色，无毛。叶纸质或近膜质，干后有时呈红褐色，卵形至阔披针形，两面无毛。穗状花序；苞片椭圆状卵形；花萼裂片卵形，顶端圆，背面被微柔毛，萼筒无毛；花冠淡黄色，裂片椭圆形。核果近球形，顶端宿萼裂片直立。花期3~11月，果期6~12月；边开花边结果。

分布： 产浙江、台湾、福建、海南、广西、江西、湖南、湖北、四川、贵州、云南。生于海拔1200m以下的林中。日本也有分布。

习性： 喜半阴湿润环境。

栽培繁殖： 播种和扦插繁殖。宜植于富含腐殖质、湿润而排水良好的酸性砂质土壤。

应用： 良好的园林绿化和边坡绿化树种。叶可作茶；根药用，治跌打。

白背枫 *Buddleja asiatica* Lour.

马钱科 Loganiaceae
醉鱼草属 *Buddleja*

形态特征： 直立灌木或小乔木，高1～8m。嫩枝条四棱形，老枝条圆柱形。叶对生，狭椭圆形或披针形，绿色无毛。总状花序窄而长，花冠芳香，白色或淡绿色。蒴果椭圆状；种子灰褐色，椭圆形，两端具短翅。花期1～10月，果期3～12月。

分布： 产我国秦岭以南、云南和西藏等地。生于海拔200～3000m向阳山坡灌木丛中或疏林林缘。印度次大陆至东南亚等地也有分布。

习性： 喜光和温暖湿润环境，耐干旱和瘠薄，生于河岸沙石、向阳山坡地。

栽培繁殖： 播种和插条繁殖。

应用： 花呈穗状，白色芳香，可作庭园观赏，且有绿化效果快、种子易收集等特点，还可以用于边坡修复、水土保持工程。根和叶供药用，有祛风化湿、行气活络之功效。花芳香，可提取芳香油。

醉鱼草 *Buddleja lindleyana* Fortune

马钱科 Loganiaceae
醉鱼草属 *Buddleja*

形态特征： 灌木，高1～3m。茎皮褐色；小枝具有四棱，棱上略有窄翅；幼枝、叶片下面、叶柄、花序、苞片及小苞片均密被星状短茸毛和腺毛。叶对生，萌芽枝条上的叶为互生或近轮生，叶片卵形、椭圆形至长圆状披针形。穗状聚伞花序顶生；花紫色，芳香。蒴果长圆形或椭圆形，无毛，有鳞片，基部常有宿存花萼；种子淡褐色，无翅。花期4～10月，果期8月至翌年4月。

分布： 产长江流域以南、贵州和云南等地。生于海拔200～2700m山地路旁、河边灌木丛中或林缘。马来西亚、日本、美洲及非洲均有栽培。模式标本采自浙江舟山。

习性： 喜光照，不耐水湿，喜欢生长于干燥、排水好的地方。植株萌发力强，耐修剪、耐寒、耐旱、耐瘠薄及粗放管理。

栽培繁殖： 播种、扦插和分株繁殖。

应用： 优良的观赏植物。可用于边坡绿化。花、叶及根供药用，有祛风除湿、止咳化痰、散瘀之功效。

密蒙花 *Buddleja officinalis* Maxim.

马钱科 Loganiaceae
醉鱼草属 *Buddleja*

形态特征： 灌木，高1～4m。小枝、叶背面、叶柄和花序均密被灰白色星状短茸毛。叶对生，叶片纸质，窄椭圆形、长卵形或卵状披针形，先端渐尖，基部楔形，网脉明显。花密集成圆锥状聚伞花序，芳香，花萼及花冠密被星状毛，花冠白或淡紫色。蒴果椭圆形，被星状毛，基部有宿存花被；种子两端具翅。花期3～4月，果期5～8月。

分布： 产山西、陕西、甘肃、江苏、安徽、福建、河南、湖北、湖南、广东、广西、四川、贵州、云南和西藏等地。生于海拔200～2800m向阳山坡、河边、村旁的灌木丛中或林缘。适应性较强，石灰岩山地亦能生长。不丹、缅甸、越南等地也有分布。

习性： 喜光照充足的石灰岩坡地，喜温暖、湿润的环境，在温度25℃时适宜其生长。稍耐寒，忌积水。对土壤要求不严。

栽培繁殖： 以播种繁殖为主。宜植于肥沃、排水良好的夹砂土。

应用： 良好的庭园观赏植物，可用于边坡绿化。全株供药用，有清热利湿、明目退翳之功效。花可提取芳香油，亦可作黄色食品染料。

灰莉 *Fagraea ceilanica* Thunb.

马钱科 Loganiaceae
灰莉属 *Fagraea*

形态特征： 乔木，高达15m，有时附生于其他树上呈攀缘状灌木。树皮灰色，小枝粗厚，圆柱形。叶椭圆形或倒卵形，顶端渐尖或急尖，基部楔形，革质，全缘。二歧聚伞花序顶生，侧生小聚伞花序由3～9朵花组成；花白色，芳香，花冠裂片上部内侧具突起花纹。浆果卵形或近球形，顶端具短喙。花期4～8月，果期7月至翌年3月。

分布： 产台湾、海南、广东、广西和云南南部。生于海拔500～1800m山地密林中或石灰岩地区阔叶林中。印度次大陆至东南亚有分布。

习性： 喜光，耐阴，耐旱，耐寒。对土壤要求不严，适应性强。

栽培繁殖： 播种或扦插繁殖。若扦插繁殖，于春季进行。

应用： 花大，芳香，是优良的庭园观赏植物。可用于边坡绿化。

白蜡树 *Fraxinus chinensis* Roxb.

木樨科 Oleaceae
梣属 *Fraxinus*

形态特征： 落叶乔木，高10～12m。树皮灰褐色，纵裂。芽阔卵形或圆锥形，被棕色柔毛或腺毛。羽状复叶，小叶5～7枚，叶背脉处有白毛。圆锥花序顶生或腋生枝梢，花雌雄异株。坚果圆柱形，宿存萼紧贴于坚果基部，常在一侧开口深裂。花期4～5月，果期7～月。

分布： 产南北各地。多为栽培，也见于海拔800～1600m山地杂木林中。越南、朝鲜也有分布。

习性： 性喜光，耐瘠薄干旱，稍耐阴，喜温暖湿润气候，较耐寒，喜湿耐涝，抗烟尘和有害气体性较强。

栽培繁殖： 播种或扦插繁殖。春、秋两季均可栽植。栽植时苗根要舒展、踏实、扶正。要选择土层比较深厚的壤土、砂壤土或腐殖质土作造林地。宜栽于石灰性土壤或微酸性土壤，在轻度盐碱地也能生长。

应用： 良好的园林绿化树种。可用于边坡绿化。栽培历史悠久，主要用来放养白蜡虫，生产白蜡。

黄素馨 *Jasminum floridum* Bunge
[*Jasminum floridum* subsp. *giraldii* (Diels) Miao]

木樨科 Oleaceae　素馨属 *Jasminum*

别名： 探春花

形态特征： 直立或攀缘灌木，高达3m。小枝褐色或黄绿色，当年生枝草绿色，扭曲，四棱，无毛或被短柔毛。叶互生，复叶，小叶3或5枚，小枝基部常有单叶；小叶片卵形、卵状椭圆形至椭圆形，叶面光滑或疏被短柔毛，背面灰白色，疏被至密被白色长柔毛。聚伞花序或伞状聚伞花序顶生，花萼无毛或疏被短柔毛；花冠黄色，近漏斗状。果长圆形或球形。花期5～10月，果期8～11月。

分布： 产河北、陕西南部、山东、河南西部、湖北西部、四川、贵州北部。生于海拔300～1500m的山谷、灌木林中。

习性： 喜光，稍耐阴，耐干旱，耐寒。

栽培繁殖： 扦插繁殖为主，在花后剪取带叶的枝条进行扦插或在冬、春季节进行分株。宜栽于土层深厚的肥沃土壤。

应用： 优良的悬垂观赏植物，可用于边坡绿化。

木樨科 Oleaceae — 145

野迎春 *Jasminum mesnyi* Hance

别名： 云南黄素馨

木樨科 Oleaceae
素馨属 *Jasminum*

形态特征： 常绿亚灌木。高 0.5～5m，枝条下垂。小枝四棱形，具沟，光滑无毛。叶对生，三出复叶或小枝基部具单叶；叶两面无毛，叶缘反卷，具睫毛。花通常单生于叶腋，花萼钟状，花冠黄色，漏斗状，裂片极开展，长于花冠管。果椭圆形，两心皮基部愈合。花期11月至翌年8月，果期翌年3～5月。

分布： 产四川西南部、贵州、云南。生于海拔500～2600m的峡谷、林中。我国各地均有栽培。

习性： 喜温暖湿润和充足阳光，怕严寒和积水，稍耐阴，较耐旱。

栽培繁殖： 以扦插为主，也可用压条和分株法繁殖。宜栽于排水良好、肥沃的酸性砂壤土。

应用： 优良的悬垂观赏植物，可用于边坡绿化。

小叶女贞 *Ligustrum quihoui* Carr.

木樨科 Oleaceae
女贞属 *Ligustrum*

形态特征：落叶灌木，高1～3m。小枝淡棕色，密被微柔毛，后脱落。叶片薄革质，形状和大小变异较大，披针形、长圆状椭圆形、椭圆形、倒卵状长圆形至倒披针形或倒卵形，两面无毛，叶缘反卷，中脉在上面凹入，下面凸起。圆锥花序顶生，近圆柱形，分枝处常有1对叶状苞片。果倒卵形、宽椭圆形或近球形，紫黑色。花期5～7月，果期8～11月。

分布：产陕西、山东、江苏、安徽、浙江、江西、河南、湖北、四川、贵州、云南、西藏。生于海拔100～2500m的沟边、路旁或河边灌丛中，或山坡。

习性：喜光，稍耐阴，较耐寒；对二氧化硫、氯气等有较好的抗性。性强健，耐修剪，萌发力强。

栽培繁殖：播种、扦插或分株繁殖。

应用：优良的园林绿化植物和盆景材料。可用于边坡绿化。叶入药，具清热解毒等功效，治烫伤、外伤；树皮入药可治烫伤。

小蜡 *Ligustrum sinense* Lour.

木樨科 Oleaceae
女贞属 *Ligustrum*

别名： 山指甲

形态特征： 灌木或小乔木，高2～4（7）m。小枝圆柱形，幼时密被淡黄色短柔毛，老时近无毛。叶薄革质，幼时两面被短柔毛，叶柄被短柔毛。圆锥花序由当年生枝条的叶腋及枝顶抽出，塔形，序轴密被淡黄色柔毛。花白色，芳香，具梗，花萼钟状。核果球形。花期5～6月，果期7～9月。

分布： 产长江以南及贵州、四川、云南等地。生于海拔200～2600m的山坡、山谷、溪边、河旁、路边的密林、疏林或混交林中。越南也有分布。

习性： 喜温暖湿润气候，生长适温15～28℃；有一定的抗寒能力，喜光，忌积水，对土壤湿度较敏感。

栽培繁殖： 播种、扦插或高压法繁殖，春、秋季为适期。宜栽于土层深厚、疏松肥沃、排水良好、含有机质的微酸性砂质壤土。

应用： 优良的园林绿化树种。各地普遍栽培作绿篱。可用于边坡绿化。

木樨 *Osmanthus fragrans* (Thunb.) Lour.

木樨科 Oleaceae
木樨属 *Osmanthus*

别名： 桂花

形态特征： 常绿小乔木，幼树灌木状，高3～5m，最高可达18m。叶片革质，椭圆形或椭圆状披针形，先端渐尖，基部渐狭呈楔形，全缘或上半部有锯齿，两面无毛。聚伞花序簇生于叶腋，花多朵，细小，极芳香；花冠黄白色、淡黄色或橘红色。果歪斜，椭圆形，紫黑色。花期9～10月，果期翌年3月。

分布： 产我国西南部。现各地广泛栽培。印度、尼泊尔、柬埔寨也有分布。

习性： 性喜温暖，亦较耐寒，喜光而耐半阴，不耐干旱和盐碱，忌积水，对酸雨和大气污染的抗性较强。

栽培繁殖： 用播种、压条、嫁接、扦插等方法繁殖。多用嫩枝扦插，6月中旬至8月下旬进行。应选在春季或秋季，尤以阴天或雨天栽植最好。

应用： 优良的园林绿化香花植物。可用于边坡绿化。花为名贵香料，并可作食品香料。

夹竹桃科 Apocynaceae

酸叶胶藤 *Ecdysanthera rosea* Hook. et Arn.

夹竹桃科 Apocynaceae
花皮胶藤属 *Ecdysanthera*

形态特征： 木质大藤本植物，长达10m，具乳汁。茎皮深褐色，无明显皮孔，枝条上部淡绿色，下部灰褐色。叶纸质，阔椭圆形。聚伞花序圆锥状，宽松展开，多歧，顶生，着花多朵；总花梗略具白粉和被短柔毛；花小，粉红色。蓇葖果2枚，叉开成近一直线，圆筒状披针形，外果皮有明显斑点；种子长圆形，顶端具白色绢质种毛。花期4～12月，果期7月至翌年1月。

分布： 产长江以南至台湾。生于海拔200～900m的山地、密林中，在山谷、水沟的湿润地方常见。越南、印度尼西亚也有分布。

习性： 喜高温、湿润的向阳之地，耐热、耐旱、耐瘠薄。

栽培繁殖： 播种和扦插繁殖。

应用： 良好的观赏藤本，可用于边坡绿化。一种野生橡胶植物。幼嫩茎叶和果实可食。全株药用，民间可治跌打瘀肿、风湿骨痛、疔疮、喉痛和眼肿等。

大花帘子藤 *Pottsia grandiflora* Markgr.

夹竹桃科 Apocynaceae
帘子藤属 *Pottsia*

别名： 乳汁藤

形态特征： 攀缘灌木，长达5m。茎和枝条淡绿色，无毛，具乳汁。叶柄间具钻状腺体。叶薄纸质，卵圆形至椭圆状卵圆形，或椭圆形，稀长圆形，顶端急尖，具尾，基部钝至圆，两面无毛；中脉在叶面凹入，在叶背略凸起或扁平。花多朵组成总状式的聚伞花序，顶生或腋生；苞片和小苞片叶状；花冠紫红色或粉红色，裂片基部向右覆盖，开花时裂片向下反折，裂片倒卵形。蓇葖双生，下垂，线状长圆形，无毛；种子长圆形，顶端具一簇白色绢质种毛。花期4~8月，果期8~12月。

分布： 产浙江、湖南、广东、广西和云南等地。生于海拔400~1100m的山地疏林中，或山坡路旁灌木丛中，山谷密林中常攀缘树上生长。

习性： 喜光，喜温暖潮湿环境。

栽培繁殖： 播种和扦插繁殖。

应用： 可作垂直绿化和边坡绿化。茎入药，祛风活络、化瘀、补血。主治腰骨酸痛、贫血、妇女产后虚弱等症。

络石 *Trachelospermum jasminoides* (Lindl.) Lem.

夹竹桃科 Apocynaceae
络石属 *Trachelospermum*

形态特征： 常绿木质藤本，茎可长达10m。茎赤褐色，圆柱形，有皮孔；小枝被短柔毛，老时无毛。叶革质，卵形或倒卵形，具叶柄。聚伞花序圆锥状，顶生及腋生，花芳香，花萼裂片窄长圆形，花冠白色。蓇葖果双生，叉开，线状披针形；种子长圆形，顶端具白色绢毛。花期3~8月，果期6~12月。

分布： 产山东、安徽、江苏、浙江、福建、台湾、江西、河北、河南、湖北、湖南、广东、广西、云南、贵州、四川、陕西等地。生于山野、溪边、路旁、林缘或杂木林中，常缠绕于树上或攀缘于墙壁上、岩石上，亦有移栽于园圃，供观赏。日本、朝鲜和越南也有分布。

习性： 喜明亮散射光，不喜强光，耐干旱，抗寒。对土壤要求不严。耐修剪。

栽培繁殖： 扦插、压条，一般不用播种法。压条繁殖，一般老枝压条在早春进行，嫩枝压条在夏季，埋土2~3cm，节与节间都可生根长成一新植株，但压条繁殖的繁殖速率慢。宜栽于土壤疏松、肥沃、湿润的酸性或中性土壤。

应用： 在园林中多作地被，或盆栽观赏。可用于边坡绿化。根、茎、叶、果实供药用，有祛风活络、利关节、止血、止痛消肿、清热解毒的功效。

杠柳 *Periploca sepium* Bunge

杠柳科 Periplocaceae
杠柳属 *Periploca*

形态特征：落叶蔓性灌木，长可达1.5m。具乳汁；除花外，全株无毛；茎皮灰褐色；小枝通常对生，有细条纹，具皮孔。叶卵状长圆形，顶端渐尖，基部楔形。聚伞花序腋生，着花数朵；花冠紫红色，辐状，花冠筒短，裂片长圆状披针形。蓇葖2，圆柱状，具纵条纹；种子长圆形，黑褐色，顶端具白色绢质种毛；种毛长3cm。花期5~6月；果期7~9月。

分布：产吉林、辽宁、内蒙古、河北、山东、山西、江苏、河南、江西、贵州、四川、陕西和甘肃等地。生于平原及低山丘的林缘、沟坡、河边砂质地或地埂等处。

习性：喜光，耐寒，耐旱，耐高温，耐水湿，适应性强。

栽培繁殖：播种繁殖。直接播种，播后保持土壤湿润，10~20天即可出苗，1年生苗高15~25cm。

应用：良好的庭园垂直绿化和地被植物。可用于边坡生态恢复。根皮、茎皮可药用，能祛风湿、壮筋骨、强腰膝；治风湿关节炎、筋骨痛等。

水团花 *Adina pilulifera* (Lam.) Franch. ex Drake

茜草科 Rubiaceae
水团花属 *Adina*

形态特征： 常绿灌木或小乔木，高达5m。叶对生，厚纸质，椭圆形至椭圆状披针形，倒卵状长圆形或倒卵状披针形，正面无毛，背面无毛或被疏柔毛，脉腋有稀疏的毛。头状花序腋生，花序轴单生，萼裂片线状长圆形或匙形；花冠白色，窄漏斗状。小蒴果楔形；种子长圆形，两端有狭翅。花期6~7月。

分布： 产于长江以南各地。生于海拔200~350m的山谷疏林下或旷野路旁、溪边水畔。日本和越南也有分布。

习性： 喜光，稍耐阴。喜温暖气候，耐寒性较强。耐水湿，对土壤要求不严。

栽培繁殖： 繁殖方式分为扦插和播种繁殖。宜栽于肥沃、湿润及透气良好的砂质土。

应用： 本种根系发达，是很好的固堤护坡植物。枝叶、花、果可入药，味苦、涩，性凉，有清热祛湿、散瘀止痛、止血敛疮等功效。

细叶水团花 *Adina rubella* Hance

茜草科 Rubiaceae
水团花属 *Adina*

形态特征： 落叶小灌木，高1～3m。小枝延长，具赤褐色微毛，后无毛。叶对生，近无柄，薄革质，卵状披针形或卵状椭圆形，两面无毛或被柔毛。头状花序单生，顶生或兼有腋生，花序梗被柔毛；花冠裂片三角形，紫红色。小蒴果长卵状楔形。花果期5～12月。

分布： 产广东、广西、福建、江苏、浙江、湖南、江西和陕西。生于溪边、河边、沙滩等湿润地区。朝鲜也有分布。

习性： 喜光、喜水湿、较耐寒、畏炎热、不耐旱。

栽培繁殖： 可用播种、分株、扦插、压条等方法繁殖。

应用： 根系发达，是很好的固堤护坡植物。枝、叶、花、果可入药，具有清热祛湿、散瘀止痛、止血敛疮的功效。

栀子 *Gardenia jasminoides* Ellis

茜草科 Rubiaceae
栀子属 *Gardenia*

别名： 水横枝、黄栀子

形态特征： 灌木，高0.3~3m。嫩枝常被短毛，枝圆柱形，灰色。叶对生，少为3枚轮生，叶形多样。花大，芳香，通常单朵生于枝顶；萼管倒圆锥形或卵形，有纵棱；萼檐管形，膨大，顶部5~8裂，宿存；花冠白色或乳黄色。果卵形、近球形或椭圆形，黄色或橙红色；种子多数，近圆形而稍有棱角。花期3~7月，果期5月至翌年2月。

分布： 产山东、江苏、安徽、浙江、江西、福建、台湾、湖北、湖南、广东、香港、广西、海南、四川、贵州和云南，河北、陕西和甘肃有栽培；生于海拔10~1500m处的旷野、丘陵、山谷、山坡、溪边的灌丛或林中。国外分布于日本、朝鲜、越南、老挝、柬埔寨、印度、尼泊尔、巴基斯坦、太平洋岛屿和美洲北部，野生或栽培。

习性： 喜温暖湿润气候，较耐旱，忌积水。

栽培繁殖： 播种繁殖和扦插繁殖。幼苗期需要遮阴，荫蔽度以30%生长良好，但进入结果期，则喜充足的光照。宜栽于疏松、肥沃、排水良好、轻黏性酸性土壤中。

应用： 优良的观赏植物和盆景植物，可用于边坡绿化。果实可作黄色染料，入药有泻火除烦、清热利湿、凉血解毒的作用。

白蟾 *Gardenia jasminoides* Ellis var. *fortuneana* (Lindl.) Hara

茜草科 Rubiaceae
栀子属 *Gardenia*

别名： 白蝉

形态特征： 本变种与原种不同之处在于花重瓣。

分布： 产我国长江以南各地。生于丘陵、山谷、山坡、溪边的灌丛或林中。

习性： 喜湿润、温暖气候，耐旱，不耐寒。幼树稍耐荫蔽，成年树喜光，但忌烈日暴晒。

栽培繁殖： 常用播种繁殖和扦插繁殖。宜栽于肥沃、疏松、排水良好的酸性土壤。

应用： 优良的园林绿化植物和盆景植物，可用于边坡绿化。果实可作黄色染料，入药有泻火除烦、清热利湿、凉血解毒的作用。

剑叶耳草 *Hedyotis caudatifolia* Merr. et Metcalf

茜草科 Rubiaceae
耳草属 *Hedyotis*

别名： 金锁匙

形态特征： 直立灌木状草本，高30～90cm。茎圆柱形，上部近四棱形。叶对生，叶片革质，披针形，侧脉2～3对，两面光滑无毛。聚伞花序三歧分枝，圆锥花序式排列，顶生或生于上部叶腋；苞片披针形；花序中央的花无梗，两侧的有短梗；萼筒陀螺状，裂片卵状三角形，与萼筒等长；花冠白色或淡紫色，漏斗状，裂片披针形。蒴果长圆形或椭圆形，有宿存的萼裂片。花期5～6月。

分布： 产广东、广西、福建、江西、浙江、湖南等地。常见于丛林下比较干旱的砂质土壤上或见于悬崖石壁上，有时亦见于黏质土壤的草地上。

习性： 喜光，耐旱，忌积水。

栽培繁殖： 播种和扦插繁殖。

应用： 可用于石质边坡绿化。全草入药，可止咳化痰、健脾消积。

龙船花 *Ixora chinensis* Lam.

茜草科 Rubiaceae
龙船花属 *Ixora*

形态特征： 灌木，高0.8~2m。叶对生，或偶见有4枚轮生，披针形、长圆状披针形至长圆状倒披针形；托叶基部合生成鞘形，顶端长渐尖，渐尖部分呈锥形，比鞘长。花序顶生，多花；花冠红色或红黄色，顶部4裂，裂片倒卵形或近圆形，扩展或外反。果近球形，成熟时红黑色；种子上面凸，下面凹。花期5~7月。

分布： 产福建、广东、香港、广西。生于海拔200~800m的山地灌丛中和疏林下，有时村落附近的山坡和旷野路旁亦有生长。越南、菲律宾、马来西亚、印度尼西亚等热带地区也有分布。

习性： 喜光，喜高温多湿，不耐低温，生长适温在23~32℃。

栽培繁殖： 可用播种、压条、扦插繁殖，以扦插繁殖为主。当幼苗长至8~10cm时，可摘心处理，以缩短植株高度、增加侧枝数量和花量。宜栽于富含有机质、疏松肥沃的酸性砂壤土。

应用： 优良的园林景观植物，可用于边坡绿化。

巴戟天 *Morinda officinalis* F. C. How

茜草科 Rubiaceae
巴戟天属 *Morinda*

别名： 巴戟

形态特征： 藤本。肉质根不定位肠状缢缩，根肉略紫红色，干后紫蓝色；嫩枝被长短不一粗毛。叶中脉线状隆起，多少被刺状硬毛或弯毛，下面无毛或中脉处被疏短粗毛。花序3~7伞形排列于枝顶，花序梗被短柔毛，头状花序具花4~10朵。聚花核果由多花或单花发育而成，熟时红色，扁球形或近球形；核果分核，三棱形，外侧弯拱，被毛状物；种子熟时黑色。花期5~7月，果熟期10~11月。

分布： 产福建、广东、海南、广西等省区的热带和亚热带地区。生于山地疏、密林下和灌丛中，常攀缘于灌木或树干上，亦有引作家种。中南半岛也有分布。

习性： 喜温暖的气候，宜阳光充足，忌干燥和积水。

栽培繁殖： 常用扦插繁殖。于清明至谷雨间种植。选择2~3年的粗壮藤茎，除去过嫩、过老的部分，再剪成长约25cm的插穗。每枝插穗须有3~4个节（两端并须有节）。扦插深度约15cm，每穴插2~3枝，插后覆以细土，踏实，浇水。宜栽于排水良好、土质疏松、土层深厚、富含腐殖质的砂质壤土或黄壤土。

应用： 根系发达，是优良的护坡植物。肉质根主治阳痿遗精、宫冷不孕、月经不调、少腹冷痛、风湿痹痛、筋骨痿软等症。

鸡眼藤 *Morinda parvifolia* Bartl. ex DC.

茜草科 Rubiaceae
巴戟天属 *Morinda*

别名： 百眼藤

形态特征： 攀缘、缠绕或平卧藤本。老枝棕色或稍紫蓝色，幼枝密被短粗毛。叶形多变，纸质，中脉通常被毛；托叶筒状，干膜质，顶端截平，每侧常具刚毛状伸出物1~2。头状花序顶生；花冠白或绿白色，裂片长圆形，顶部向外隆出和向内钩状弯折，内面中部以下至喉部密被髯毛。聚花果具核果，近球形。花期4~6月，果期7~8月。

分布： 产江西、福建、台湾、广东、香港、海南、广西等省区。生于平原路旁、沟边等灌丛中或平卧于裸地上；丘陵地的灌丛中或疏林下亦常见，但通常不分布至山地林内。菲律宾和越南有分布。

习性： 喜温暖的气候，宜阳光充足。

栽培繁殖： 一般人工繁殖，有根头繁殖和扦插繁殖。宜栽于土层深厚、肥沃、疏松、排水良好的酸性砂质壤土或壤土。

应用： 根系发达，深根性植物，是优良的护坡植物。全株药用，有清热利湿、化痰止咳等功效。

玉叶金花 *Mussaenda pubescens* Ait. f.

茜草科 Rubiaceae
玉叶金花属 *Mussaenda*

形态特征： 攀缘灌木，嫩枝被贴伏短柔毛。叶对生或轮生，叶下面密被短柔毛；叶柄被柔毛；托叶三角形，深2裂。聚伞花序顶生，密花；苞片线形，有硬毛；花萼管陀螺形，被柔毛，萼裂片基部密被柔毛，向上毛渐稀疏；花叶阔椭圆形，两面被柔毛。花冠黄色，花冠管外面被贴伏短柔毛，内面喉部密被棒形毛，花冠裂片长圆状披针形，内面密生金黄色小疣突；花柱短，内藏。浆果近球形，疏被柔毛，干时黑色，疏被毛。花期6~7月。

分布： 产广东、香港、海南、广西、福建、湖南、江西、浙江和台湾。生于灌丛、溪谷、山坡或村旁。

习性： 适应性强，耐阴，生长速度快，萌芽力强，极耐修剪，在较贫瘠及阳光充足或半阴湿环境都能生长。

栽培繁殖： 以扦插为主，也可播种。

应用： 优良的垂直绿化植物，可用于边坡绿化。茎叶味甘、性凉，有清凉消暑、清热疏风的功效，供药用或晒干代茶叶饮用。

鸡矢藤 *Paederia scandens* (Lour.) Merr.

茜草科 Rubiaceae
鸡矢藤属 *Paederia*

别名： 鸡屎藤

形态特征： 藤本，无毛或近无毛。叶对生，形状变化很大，叶基部楔形或近圆或截平，有时浅心形，两面无毛或近无毛。圆锥花序式的聚伞花序腋生和顶生，扩展，分枝对生，末次分枝上着生的花常呈蝎尾状排列；花冠浅紫色，外面被粉末状柔毛，里面被茸毛。果球形，成熟时近黄色，顶冠以宿存的萼檐裂片和花盘；小坚果无翅，浅黑色。花期5~7月。

分布： 产秦岭以南各地和台湾。生于海拔200~2000m的山坡、林中、林缘、沟谷边灌丛中或缠绕在灌木上。日本、朝鲜、印度至东南亚也有分布。

习性： 喜光，喜温暖湿润气候。

栽培繁殖： 播种和扦插。播种一般在4月进行，直播和阳畦育苗均可，5月中旬移栽定植。扦插春、夏、秋随时皆可，选2年生健壮藤茎，剪成10~15cm的小段，插于净沙土中，遮阴保湿，一般7~15天生根，秋季或翌春移植。

应用： 适宜作园林景观中的藤本地被植物，可用于覆盖山石荒坡，是一种不可多得的优良护坡植物。亦可用于垂直绿化。全草入药，有祛风活血、止痛消肿、抗结核功效。叶、果可食。

九节 *Psychotria rubra* (Lour.) Poir.

别名： 九节木

茜草科 Rubiaceae
九节属 *Psychotria*

形态特征： 灌木或小乔木，高0.5~5m。叶对生，纸质，仅下面脉腋内簇生短毛；托叶短，顶端圆或稍急尖，不裂，膜质，很快脱落。聚伞花序通常顶生，多花，总花梗常极短，近基部三分歧；花小，白色，有短梗，萼檐杯状，近截平或有5个不明显的宽齿状裂片，喉部密生白毛。核果近球状至椭圆状，红色，干时现直棱。花果期全年。

分布： 产浙江、福建、台湾、湖南、广东、香港、海南、广西、贵州、云南。生于平地、丘陵、山坡、山谷溪边的灌丛或林中，海拔20~1500m。日本、越南、老挝、柬埔寨、马来西亚、印度等地有分布。

习性： 喜温暖、潮湿，耐阴性极强。萌芽力强，耐修剪。

栽培繁殖： 播种、扦插繁殖。

应用： 良好的边坡绿化植物。嫩枝、叶、根可作药用，有清热解毒、消肿拔毒、祛风除湿的功效。

六月雪 *Serissa japonica* (Thunb.) Thunb.

茜草科 Rubiaceae
白马骨属 *Serissa*

形态特征：小灌木，高60～90cm，有臭气。叶革质，卵形至倒披针形，顶端短尖至长尖，边全缘，无毛。花单生或数朵丛生于小枝顶部或腋生，被毛，边缘浅波状的苞片；萼檐裂片细小，锥形，被毛；花冠淡红色或白色，裂片扩展，顶端3裂；雄蕊突出冠管喉部外；花柱长突出，柱头2，直，略分开。花期5～7月。

分布：产江苏、安徽、江西、浙江、福建、广东、香港、广西、四川、云南。生于河溪边或丘陵的杂木林内。日本、越南有分布。

习性：喜温暖气候，稍耐寒、耐旱，不宜强光直射。对环境要求不高，生长力较强。

栽培繁殖：以扦插和分株繁殖为主，也可压条繁殖。宜植于排水良好、肥沃和湿润疏松的土壤。

应用：优良的园林景观植物和盆景材料，可用于边坡绿化。对降低慢性肝炎转氨酶，降低慢性肾炎和狼疮性肾炎蛋白尿、血尿有一定的效果，治疗肝炎可与鸡骨草同用，治疗肾炎可与接骨木同用。

钩藤 *Uncaria rhynchophylla* (Miq.) Miq. ex Havil.

茜草科 Rubiaceae
钩藤属 *Uncaria*

形态特征： 藤本。嫩枝较纤细，方柱形或略有四棱角。叶纸质，椭圆形或椭圆状长圆形，干时褐色或红褐色，背面有时有白粉；托叶狭三角形，深 2 裂达全长 2/3。头状花序，单生叶腋，或呈单聚伞状排列；花冠裂片卵圆形，外面无毛或略被粉状短柔毛。小蒴果被短柔毛，宿存萼裂片近三角形。花、果期 5～12 月。

分布： 产广东、广西、云南、贵州、福建、湖南、湖北及江西。常生于山谷溪边的疏林或灌丛中。日本有分布。

习性： 喜光及温暖湿润，耐旱、耐寒，怕涝。

栽培繁殖： 播种繁殖。

应用： 良好的边坡绿化植物。带钩的茎和小枝入药，具有清血平肝、息风定惊之功效。所含钩藤碱有降血压作用。

水锦树 *Wendlandia uvariifolia* Hance

茜草科 Rubiaceae
水锦树属 *Wendlandia*

形态特征： 灌木或乔木，高2～15m。小枝被锈色硬毛。叶纸质，宽卵形或宽椭圆形；叶面散生短硬毛，稍粗糙，在脉上有锈色短柔毛，背面密被灰褐色柔毛；叶柄密被锈色短硬毛；托叶宿存，有硬毛，基部宽，上部扩大呈圆形，反折，宽约2倍于小枝。圆锥花序顶生，被茸毛；花小，常数朵簇生；花冠漏斗状，白色，喉部有白色硬毛。蒴果，被短柔毛。花期1～5月，果期4～10月。

分布： 产台湾、广东、广西、海南、贵州、云南。生于海拔50～1200m的山地林中、林缘、灌丛中或溪边。越南有分布。

习性： 喜温暖湿润气候，较耐阴。

栽培繁殖： 播种繁殖。宜栽于深厚、肥沃、湿润的砂质土壤。

应用： 适于暖地庭园栽植或用于沟谷、坡地的绿化美化。叶和根可作药用，有活血散瘀的功效。

菰腺忍冬 *Lonicera hypoglauca* Miq.

忍冬科 Caprifoliaceae
忍冬属 *Lonicera*

别名： 红腺忍冬、大金银花、大叶金银花、山银花

形态特征： 落叶藤本。幼枝、叶柄、叶中脉及总花梗均密被淡黄褐色短柔毛（糙毛）。叶纸质，卵形至卵状矩圆形，基部近圆形或带心形。双花单生至多朵集生于侧生短枝上，或于小枝顶集合成总状；苞片外面有短糙毛和缘毛，与萼筒几等长。花冠白色，有时有淡红晕，后变黄色。果实熟时黑色，近圆形；种子淡黑褐色，椭圆形，中部有凹槽及脊状凸起，两侧有横沟纹。花期4~5（6）月，果熟期10~11月。

分布： 产安徽、浙江、江西、福建、台湾、湖北、湖南、广东、广西、四川、贵州及云南。生于海拔200~700m（西南部可达1500m）的灌丛或疏林中。日本也有分布。

习性： 喜温和湿润气候，耐寒、耐旱、耐涝，对土壤要求不严，耐盐碱。

栽培繁殖： 播种和扦插繁殖。宜栽于土层深厚疏松的腐殖土。

应用： 良好的边坡绿化植物。《中华本草》收载的药用金银花的植物来源之一。花蕾供药用，有清热解毒的功效。

忍冬 *Lonicera japonica* Thunb.

忍冬科 Caprifoliaceae
忍冬属 *Lonicera*

别名： 金银花

形态特征： 半常绿藤本。幼枝呈橘红褐色，常常覆盖粗糙的硬毛。叶片基部圆或近心形，边缘有粗糙的茸毛。总状花序通常单生于小枝上部叶腋；苞片大，叶状，花瓣卵形或椭圆形，有短柔毛，花冠白色，后变黄色，外被多少倒生的开展或半开展糙毛和长腺毛。果实圆形，成熟时蓝黑色，有光泽。花期4~6月（秋季亦常开花），果熟期10~11月。

分布： 除黑龙江、内蒙古、宁夏、青海、新疆、海南和西藏无自然生长外，全国各地均有分布。生于山坡灌丛或疏林中、乱石堆、山脚路旁及村庄篱笆边，海拔最高达1500m。也常作栽培。日本和朝鲜也有分布。在北美洲逸生成为难以清除的杂草。

习性： 喜湿润和光照充足的环境。适应性强，耐寒性强，也耐干旱和水湿，对土壤要求不严。

栽培繁殖： 常采用扦插或播种繁殖。扦插选择生长旺盛的枝条，长30~35cm，保留2~3个节位，将枝条下方削成斜面，用植物激素浸泡插口，至少留1个芽留在地上，20天即可生根发芽。宜栽于湿润、肥沃的砂质壤土。

应用： 根系发达，是优良的垂直绿化和边坡绿化植物。花入药，性甘寒，可清热解毒、消炎退肿，对细菌性痢疾和各种化脓性疾病都有效。

大花忍冬 *Lonicera macrantha* (D. Don) Spreng.

忍冬科 Caprifoliaceae
忍冬属 *Lonicera*

形态特征：半常绿藤本。幼枝、叶柄和总花梗均被开展的黄白色或金黄色长糙毛和稠密的短糙毛。叶近革质或厚纸质，叶片卵形至卵状矩圆形或长圆状披针形至披针形。花微香，双花腋生，常于小枝梢密集成多节的伞房状花序；苞片披针形至条形，小苞片卵形或圆卵形，萼齿长三角状披针形至三角形，花冠白色，后变黄色，唇瓣内面有疏柔毛，上唇裂片长卵形，下唇反卷。果实黑色，圆形或椭圆形。花期4～5月，果期7～8月。

分布：产浙江、江西、福建、台湾、湖南、广东、广西、四川、贵州、云南和西藏。生于海拔400～500m的山谷和山坡林中或灌丛中，在云南和西藏海拔可达1200～1500m。尼泊尔、不丹、印度北部至缅甸和越南也有分布。

习性：喜温和湿润气候，耐寒、耐旱、耐涝，对土壤要求不严，耐盐碱。

栽培繁殖：播种和扦插繁殖。宜栽于土层深厚、疏松的腐殖土。

应用：良好的边坡绿化植物。花有清热解毒的功效。用于温病、热毒血痢、痈肿疗疮、喉痹。现代多用于多种感染性疾病。

荚蒾 *Viburnum dilatatum* Thunb.

忍冬科 Caprifoliaceae
荚蒾属 *Viburnum*

形态特征： 落叶灌木，高可达3m。当年生小枝连同芽、叶柄和花序均密被土黄色或黄绿色开展的小刚毛状粗毛及簇状短毛，2年生小枝暗紫褐色。叶片纸质，倒卵形，正面被叉状或简单伏毛，背面被带黄色叉状或簇状毛，脉上毛尤密，脉腋集聚簇状毛；侧脉6～8对，直达齿端，上面凹陷，下面明显凸起。复伞状聚伞花序稠密，花生于第三至第四级辐射枝上，花冠白色，辐状，花药小，乳白色。果实红色，椭圆状卵圆形。花期5～6月，果熟期9～11月。

分布： 产河北、陕西、江苏、安徽、浙江、江西、福建、台湾、河南、湖北、湖南、广东、广西、四川、贵州及云南。生于海拔100～1000m的山坡或山谷疏林下，林缘及山脚灌丛中。日本和朝鲜也有分布。

习性： 喜光，喜温暖湿润，也耐阴，耐寒，对气候因子及土壤条件要求不严。

栽培繁殖： 播种繁殖。宜栽于微酸性肥沃土壤。

应用： 良好的园林景观植物和盆景素材。可用于边坡绿化。果可食，亦可酿酒，入药有疏风解毒、清热解毒的功效。

蝶花荚蒾 *Viburnum hanceanum* Maxim.

忍冬科 Caprifoliaceae
荚蒾属 *Viburnum*

形态特征： 灌木，高可达2m。当年小枝、叶柄和总花梗被由黄褐色或铁锈色簇状毛组成的茸毛，2年生小枝紫褐色，被疏毛或几无毛。叶纸质，边缘除基部外具锯齿，两面被黄褐色簇状短伏毛；侧脉达至齿端，上面略凹陷，下面凸起，小脉横列，近并行。聚伞花序伞房状，花稀疏，外围有2～5朵白色、大型的不孕花，裂片倒卵形；可孕花黄白色，裂片卵形。果实红色，稍扁，卵圆形。花期4～5月，果期8～9月。

分布： 产江西、福建、湖南、广东及广西。生于海拔200～800m的山谷溪流旁或灌木丛之中。

习性： 喜暖湿气候，喜光，稍耐阴。

栽培繁殖： 扦插繁殖。宜栽于排水良好、肥沃的酸性土壤。

应用： 优良的观花灌木，可用于边坡绿化。

珊瑚树 *Viburnum odoratissimum* Ker-Gawl.

忍冬科 Caprifoliaceae
荚蒾属 *Viburnum*

形态特征：常绿灌木或小乔木，高达10m。叶革质，边缘上部有不规则浅波状锯齿或近全缘，叶正面深绿色有光泽，背面有暗红色腺点，脉腋常有集聚簇状毛和趾蹼状小孔。圆锥花序顶生或生于侧生短枝上；花冠白色，后变黄色，有时微红，辐状。果实先红色后变黑色，卵圆形或卵状椭圆形。花期4~5月（有时不定期开花），果熟期7~9月。

分布：产广东、海南、广西、湖南、福建。生于海拔200~1300m的山谷密林溪涧旁荫蔽处、疏林中向阳地或平地灌丛中。也常有栽培。印度、缅甸、泰国和越南也有分布。

习性：喜光且耐半阴，喜温暖湿润气候，不耐寒和干旱。萌生力强，耐修剪。抗二氧化硫和酸雨的能力强。对土壤要求不严。

栽培繁殖：扦插或播种繁殖。扦插全年均可进行，以春、秋两季为好。8月采种，秋播或冬季沙藏翌年春播，播后30~40天即可发芽生长成幼苗。宜栽于潮湿、肥沃的中性土壤。

应用：优良的园林绿化和边坡绿化植物。果可食。

半边月

Weigela japonica Thunb. var. *sinica* (Rehd.) Bailey

忍冬科 Caprifoliaceae
锦带花属 *Weigela*

形态特征： 落叶灌木，高达6m。叶长卵形至卵状椭圆形，稀倒卵形，正面深绿色，疏生短柔毛，脉上毛较密，背面浅绿色，密生短柔毛；叶柄有柔毛。单花或具3朵花的聚伞花序生于短枝的叶腋或顶端；萼筒被柔毛；花冠白色或淡红色，花开后逐渐变红色，漏斗状钟形，外面疏被短柔毛或近无毛，筒基部呈狭筒形，中部以上突然扩大，裂片开展。果实顶端有短柄状喙，疏生柔毛；种子具狭翅。花期4～5月。

分布： 产安徽、浙江、江西、福建、湖北、湖南、广东、广西、四川、贵州等地。生于海拔450～1800m的山坡林下、山顶灌丛和沟边等地。

习性： 喜光耐寒，适应性强，耐瘠薄土壤。

栽培繁殖： 播种、扦插和压条繁殖。宜栽于土壤肥沃湿润和富含腐殖质的土壤。

应用： 优良的观赏植物和蜜源植物。可用于边坡绿化。枝叶入药，具有清热解毒等功效。

黄花蒿 *Artemisia annua* Linn.

菊科 Compositae
蒿属 *Artemisia*

形态特征： 一年生草本；植株有浓烈的挥发性香气，高100~200cm。茎下部叶宽卵形或三角状卵形；叶纸质，两面具脱落性白色腺点及细小凹点，基部有半抱茎假托叶。头状花序球形，多数，有短梗，基部有线形小苞叶，在分枝上排成总状或复总状花序。瘦果椭圆状卵圆形，稍扁。花果期8~11月。

分布： 遍及全国，东半部分布在海拔1500m以下地区，西北及西南分布在海拔2000~3000m地区，西藏分布在海拔3650m地区；东部、南部生长在路旁、荒地、山坡、林缘等处。广布于欧洲、亚洲的温带、寒温带及亚热带地区，向南延伸分布到地中海及非洲北部，亚洲南部、西南部各国。

习性： 喜温暖、光照充足的环境，抗旱性强，不耐阴。

栽培繁殖： 播种繁殖。宜栽于潮湿肥沃、排水良好、微偏酸性的土壤中。

应用： 良好的边坡绿化植物。入药有清热、解暑、截疟、凉血、利尿、健胃、止盗汗的功效。其所含青蒿素为倍半萜内酯化合物，为抗疟的主要有效成分，治各种类型疟疾，具速效、低毒的优点，对恶性疟及脑疟尤佳。

三脉紫菀 *Aster ageratoides* Turcz.

菊科 Compositae
紫菀属 *Aster*

形态特征： 多年生草本，根状茎粗壮。茎直立，高达1m，被柔毛或粗毛。叶纸质，正面被糙毛，背面被柔毛常有腺点，或两面被茸毛，背面沿脉有粗毛。头状花序，排成伞房或圆锥伞房状，总苞片3层，覆瓦状排列，舌片线状长圆形，紫、浅红或白色，管状花黄色。瘦果倒卵状长圆形。花果期7～12月。

分布： 广泛分布于我国东北部、北部、东部、南部至西部、西南部及西藏南部。生于海拔100～3350m的林下、林缘、灌丛及山谷湿地。喜马拉雅南部、朝鲜、日本及亚洲东北部也有分布。

习性： 喜凉爽气候，适应能力强，耐寒、耐湿、耐贫瘠。

栽培繁殖： 播种繁殖和分株繁殖。

应用： 良好的观花地被植物，其根系发达，也是一种良好的护坡植物。

野菊 *Dendranthema indicum* (L.) Des Moul.

菊科 Compositae
菊属 *Dendranthema*

形态特征： 多年生草本，高0.25~1m。有地下匍匐茎。茎枝疏被毛，上部及花序枝上的毛稍多或较多。中部茎叶呈卵形、长卵形或椭圆状卵形，两面淡绿色。头状花序排成疏散伞房状圆锥花序或伞房状花序；总苞片约5层，全部苞片边缘白褐色；舌状花黄色。花期6~11月。

分布： 广布东北、华北、华中、华南及西南各地。生于山坡草地、灌丛、河边水湿地、滨海盐渍地、田边及路旁。印度、日本、朝鲜、苏联也有分布。

习性： 喜凉爽湿润气候，耐寒。

栽培繁殖： 播种繁殖、扦插繁殖和分株繁殖。宜栽于土层深厚、疏松肥沃、富含腐殖质的壤土。

应用： 良好的观赏和边坡绿化植物。叶、花及全草入药。味苦、辛、凉，有清热解毒、疏风散热、散瘀、明目、降血压的功效。

地胆草 *Elephantopus scaber* L.

菊科 Compositae
地胆草属 *Elephantopus*

别名： 地胆头

形态特征： 根状茎平卧或斜升，具多数纤维状根。茎直立，高20~60cm，二歧分枝，密被白色贴生长硬毛。基部叶莲座状匙形或倒披针状匙形，前端钝圆，基部渐狭；茎生叶少而小；全部叶正面被疏长糙毛，背面密被长硬毛和腺点。头状花序，多数密集成复头状花序，基部被3个叶状苞片所包围；花淡紫色或粉红色。花期7~11月，果期11月至翌年2月。

分布： 产浙江、江西、福建、台湾、湖南、广东、广西、贵州及云南等地。常生于开旷山坡、路旁或山谷林缘。美洲、亚洲、非洲各热带地区广泛分布。

习性： 喜潮润、凉爽环境。

栽培繁殖： 播种、分根与扦插繁殖。

应用： 根系发达，可用于边坡绿化。全草入药，有清热解毒、消肿利尿之功效。是煲汤原料。

旋覆花 *Inula japonica* Thunb.

菊科 Compositae
旋覆花属 *Inula*

形态特征： 多年生草本。根状茎短，有略显粗壮的须根。茎单生，有时2～3个簇生，直立，高30～70cm，被长伏毛，或下部脱毛；中部叶长圆形、长圆状披针形或披针形，基部常有圆形半抱茎小耳，无柄，上部叶线状披针形。疏散伞房花序，花序梗细长，舌状花黄色。瘦果圆柱形，有10条沟，被疏毛。花期6～10月，果期9～11月。

分布： 产我国北部、东北部、中部、东部各地，极常见，在四川、贵州、福建、广东也可见到。生于海拔150～2400m的山坡路旁、湿润草地、河岸和田埂上。在蒙古国、朝鲜、俄罗斯西伯利亚、日本都有分布。

习性： 喜温暖潮湿，耐热、耐寒、耐瘠薄，不耐旱，生长快，自繁能力强。

栽培繁殖： 播种和分株繁殖。宜栽于疏松肥沃、富含腐殖质的砂质土壤。

应用： 根系发达，优良的观花植物和边坡绿化植物。花入药，具降气、消炎、行水、止呕的作用；根及叶治刀伤、疔毒，煎服可平喘镇咳。

千里光 *Senecio scandens* Buch.-Ham. ex D. Don

菊科 Compositae
千里光属 *Senecio*

形态特征： 多年生攀缘草本，根状茎木质，粗，径达1.5cm。茎伸长，弯曲，分枝多，有灰白色柔毛；叶片卵状披针形至长三角形。头状花序有舌状花，多数，在茎枝端排列成顶生复聚伞圆锥花序；分枝和花序梗被密至疏短柔毛；舌状花舌片黄色；管状花多数；花冠黄色。瘦果圆柱形，被柔毛；冠毛白色。花期9~10月，果期10~11月。

分布： 产西藏、陕西、湖北、四川、贵州、云南、安徽、浙江、江西、福建、湖南、广东、广西、台湾等地。常生于海拔50~3200m的森林、灌丛中，攀缘于灌木、岩石上或溪边。印度、尼泊尔、不丹、中南半岛各国、菲律宾和日本也有分布。

习性： 幼苗喜阴凉环境，成年植株要求不严，适应性强，对土壤要求也不严。

栽培繁殖： 播种、扦插和压条繁殖。宜栽于肥沃、湿润、排水良好的砂壤土。

应用： 根系发达，可用于边坡绿化。全草入药，有清热解毒、明目退翳、杀虫止痒之功效。

蒲儿根 *Sinosenecio oldhamianus* (Maxim.) B. Nord.

菊科 Compositae
蒲儿根属 *Sinosenecio*

形态特征： 一年生或二年生草本。根状茎木质，粗，具多数纤维状根。茎直立，高30~60cm，上部多分枝，下部被白色蛛丝状绵毛。叶互生；中下部叶片心状圆形或宽卵状心形，先端尖，基部心形，边缘具不规则三角状牙齿，下面密被白色蛛丝状绵毛，叶脉掌状；上部叶渐小，叶片三角状卵形，具短柄。头状花序在茎枝端排列成复伞房状；总苞片外面微被毛；缘花舌状，黄色，顶端全缘或3齿裂；盘花管状。瘦果倒卵状圆柱形，长约1mm，无毛及无冠毛。花果期4~6月。

分布： 产山西、河南、陕西、甘肃、安徽、江苏、浙江、江西、湖南、湖北、四川、重庆、贵州、云南、福建、广东、广西。生于海拔360~2100m的林缘、溪边、潮湿岩石边及草坡、田边。缅甸、泰国、越南也有分布。

习性： 喜温暖潮湿，耐热、耐寒、耐瘠薄，不耐旱。生长快，自繁能力强。

栽培繁殖： 播种和分株繁殖。宜栽于疏松肥沃、富含腐殖质的砂质土壤。

应用： 根系发达，优良的边坡绿化植物。全草入药，具有清热解毒之功效。

菊科 Compositae

一枝黄花 *Solidago decurrens* Lour.

菊科 Compositae
一枝黄花属 *Solidago*

别名： 蛇头王、见血飞、金锁钥、百根草、一支枪、黄花草、金柴胡

形态特征： 多年生草本，高（9）35～100cm。茎直立，不分枝或中部以上有分枝。中部茎叶椭圆形、长椭圆形、卵形或宽披针形，叶两面、沿脉及叶缘有短柔毛或下面无毛。头状花序多数在茎上部排列成紧密或疏松的总状花序或伞房圆锥花序，少有排列成复头状花序，舌状花舌片椭圆形。瘦果无毛，极少有在顶端被稀疏柔毛的。花果期4～11月。

分布： 产我国南方各地及陕西南部、台湾等地。生于海拔565～2850m的阔叶林缘、林下、灌丛中及山坡草地上。

习性： 喜凉爽气候，耐寒，对土壤要求不严。

栽培繁殖： 播种和分株繁殖。宜栽种于肥沃疏松、富含腐殖质、排水良好的砂质土壤中。

应用： 繁殖力强，生长快，可用于边坡绿化。全草入药，疏风解毒、退热行血、消肿止痛。主治毒蛇咬伤、痈、疖等。全草含皂苷，家畜误食中毒引起麻痹及运动障碍。

蟛蜞菊 *Wedelia chinensis* (Osbeck.) Merr.

菊科 Compositae
蟛蜞菊属 *Wedelia*

形状特征： 多年生草本。茎匍匐，上部近直立，基部各节生出不定根，长15～50cm，疏被贴生的短糙毛或下部脱毛。叶无柄，椭圆形、长圆形或线形，两面疏被贴生的短糙毛，无网状脉。头状花序少数，单生于枝顶或叶腋内；花序梗被贴生短粗毛；总苞钟形，2层；舌状花1层，黄色，舌片卵状长圆形；管状花较多，黄色。瘦果倒卵形，舌状花的瘦果具3边，边缘增厚。无冠毛，而有具细齿的冠毛环。花期3～9月。

分布： 广产我国东北部、东部和南部各地及其沿海岛屿。生于路旁、田边、沟边或湿润草地上。印度、中南半岛各国、印度尼西亚、菲律宾至日本也有分布。

习性： 喜光，喜温暖，耐湿，对土壤要求不严。

栽培繁殖： 多采用分株繁殖。宜栽于肥沃而湿润的土壤。

应用： 优良的地被观赏植物，可用于水土保持工程，作为护坡护堤的覆盖植物。

破布木 *Cordia dichotoma* Forst. f.

紫草科 Boraginaceae
破布木属 *Cordia*

形态特征： 乔木，高3～8m。叶卵形、宽卵形或椭圆形，边缘通常微波状或具波状牙齿，稀全缘。聚伞花序生具叶的侧枝顶端，二叉状稀疏分枝，呈伞房状；花二型，无梗；花萼钟状；花冠白色，与花萼略等长，裂片比筒部长；退化雌蕊圆球形，柱头匙形。核果近球形，黄色或带红色，具多胶质的中果皮，被宿存的花萼承托。花期2～4月，果期6～8月。

分布： 产西藏、云南、贵州、广西、广东、福建及台湾。生于海拔300～1900m的山坡疏林及山谷溪边。越南、印度北部、澳大利亚东北部及新喀里多尼亚岛也有分布。

习性： 喜光，喜高温、湿润环境；生性强健粗放，耐热，极耐旱，耐湿，耐贫瘠。

栽培繁殖： 播种和扦插繁殖，以春季为适期。

应用： 良好的园林绿化和边坡绿化植物。木本油料植物。果可食、可入药，有祛痰利尿之效。

多花丁公藤 *Erycibe myriantha* Merr.

旋花科 Convolvulaceae
丁公藤属 *Erycibe*

形态特征：攀缘灌木，小枝、叶柄及花序密被锈色短柔毛。叶纸质，长圆状倒卵形，两面无毛。圆锥花序疏散顶生，多花，密被锈色茸毛；花白色，有香气，萼片倒卵形或圆形，密被锈色短茸毛。果椭圆形至长圆形。花期7～12月，果期翌年3～4月。

分布：产广东阳江及海南。生于海拔600～1200m的林内。

习性：喜温暖阴湿环境。

栽培繁殖：播种和扦插繁殖。

应用：花白美丽，可供观赏。覆盖性好，可用于边坡绿化。

金钟藤 *Merremia boisiana* (Gagn.) Ooststr.

旋花科 Convolvulaceae
鱼黄草属 *Merremia*

形态特征： 大型缠绕草本或亚灌木。茎圆柱形，无毛，幼枝中空。叶片近于圆形，顶端渐尖或骤尖，基部心形，背面突起，叶柄无毛或近上部被微柔毛。花序腋生，多花，总花序稍粗壮，灰褐色，无毛，连同花序梗和花梗被锈黄色短柔毛；苞片小，狭三角形，花冠黄色，宽漏斗状或钟状，冠檐浅圆裂；花药稍扭曲，子房圆锥状。蒴果圆锥状球形，种子三棱状宽卵形。

分布： 产广东、海南、广西西南、云南东南部。生于海拔120~680m的疏林湿润处或次生杂木林。越南、老挝及印度尼西亚有分布。

习性： 喜高温及多湿环境，耐瘠，耐热，不耐寒，不择土壤。生长适温18~30℃。

栽培繁殖： 播种和扦插繁殖。

应用： 本种具有极强的生命力和萌芽力，可萌生许多不定根，藤茎也可落地生根，因而能迅速蔓延扩散，连片生长可"独株成片"，被称为"森林杀手"。但可有选择地应用在大型采石场的复绿和难以绿化的石灰岩地区的荒山绿化。

篱栏网 *Merremia hederacea* (Burm. f.) Hall. f.

旋花科 Convolvulaceae
鱼黄草属 *Merremia*

别名： 鱼黄草

形态特性： 缠绕或匍匐草本，匍匐时下部茎上生须根。茎细长，有细棱。叶心状卵形，顶端钝，渐尖或长渐尖，基部心形或深凹。聚伞花序腋生，有花3～5朵，有时更多或偶为单生，花梗和花序梗均具小疣状突起，萼片呈宽倒卵状匙形，花冠黄色，钟状。蒴果扁球形、宽圆锥形或三棱状球形，表面被锈色短柔毛。花果期6～11月。

分布： 产海南、广东、广西、江西、台湾、云南等地。生于海拔130～760m的灌丛或路旁草丛。亚洲东南部、热带非洲、太平洋中部的圣诞岛等地也有分布。

习性： 性强健，对生长环境无特殊要求。

栽培繁殖： 播种繁殖。

应用： 具有极强的生命力和萌芽力，可萌生许多不定根，藤茎也可落地生根，因而能迅速蔓延扩散，可连片生长，是优良的石质边坡绿化植物。全草及种子有消炎的作用。

紫葳科 Bignoniaceae

凌霄 *Campsis grandiflora* (Thunb.) Schum.

紫葳科 Bignoniaceae
凌霄属 *Campsis*

形态特征： 攀缘藤本。茎木质，以气生根攀附于他物之上。叶对生，奇数羽状复叶；小叶7~9枚，卵形至卵状披针形，顶端尾状渐尖，基部阔楔形，两侧不等大，侧脉6~7对，两面无毛，边缘有粗锯齿。顶生疏散的短圆锥花序，花序轴长15~20cm；花萼钟状，长3cm，分裂至中部，裂片披针形，长约1.5cm。花冠内面鲜红色，外面橙黄色，长约5cm，裂片半圆形。蒴果顶端钝。花期5~8月。

分布： 产长江流域各地，广东、广西、福建、山东、河南、陕西、河北有栽培。日本也有分布。亚热带和温带地区有栽培。

习性： 喜光，喜温湿环境，耐寒，耐旱，耐瘠薄，萌生力强。

栽培繁殖： 扦插、压条或分根繁殖。常用扦插繁殖，扦插多选用带气生根的硬枝春插。

应用： 优良的园林观赏植物与垂直绿化植物，可用于边坡绿化。

猫尾木 *Dolichandrone cauda-felina* (Hance) Benth. et Hook. f.

紫葳科 Bignoniaceae
猫尾木属 *Dolichandrone*

形态特征： 乔木，高达10m以上。叶近于对生，奇数羽状复叶，长椭圆形或卵形。总状或圆锥花序顶生；花梗及花萼外面密被棕黄茸毛；花冠漏斗状，上部5裂，柔软，黄色，基部暗紫色。蒴果极长，悬垂，密被褐黄色茸毛；种子长椭圆形，具膜质翅。花期10~11月，果期翌年4~6月。

分布： 产华南、云南、福建等地。生于海拔200~300m的疏林边、阳坡。泰国、老挝、越南北部至中部也有分布。

习性： 喜光，稍耐阴，喜高温湿润气候。

栽培繁殖： 可播种繁殖。抗性较强，少有病虫害。宜栽于深厚肥沃、排水良好的土壤。

应用： 优良的园林绿化树种，可用于缓坡绿化。

木蝴蝶 *Oroxylum indicum* (L.) Kurz

紫葳科 Bignoniaceae
木蝴蝶属 *Oroxylum*

形态特征：小乔木，高6～10m。树皮灰褐色，表面粗糙。大型奇数二至三或四回羽状复叶，着生于茎干近顶端，叶子较大，呈心形，表面无毛，叶片干后发蓝色。总状聚伞花序顶生，花大，紫红色。果实较大，呈圆形，灰褐色；种子圆形，周翅薄如纸，有"千张纸"之称。花期7～10月，果期10月至翌年2月。

分布：产福建、台湾、广东、广西、四川、贵州及云南。生于海拔500～900m的热带及亚热带低丘河谷密林，以及公路边丛林中，常单株生长。在印度至东南亚也有分布。

习性：喜温暖湿润气候，耐干旱，不耐寒，耐贫瘠，喜生于温暖向阳的山坡、河岸，对土壤要求不严。

栽培繁殖：播种和扦插繁殖。宜栽于肥沃的砂质壤土。

应用：良好的园林绿化植物和边坡绿化树种。种子、树皮入药，可消炎镇痛。

海南菜豆树 *Radermachera hainanensis* Merr.

紫葳科 Bignoniaceae
菜豆树属 *Radermachera*

形态特征： 常绿乔木。高6～13（20）m，除花冠筒内面被柔毛外，全株无毛；小枝和老枝灰色，有皱纹。叶为一至二回羽状复叶，有时仅有小叶5片；小叶纸质，长圆状卵形或卵形。花序腋生或侧生，少花，为总状花序或少分枝的圆锥花序；花萼淡红色，筒状，花冠淡黄色，钟状。蒴果长达40cm，种子卵圆形，薄膜质。花期4月。

分布： 产广东、海南、广西、云南。生于海拔300～550m的低山坡林中，少见。

习性： 喜温暖湿润环境，适生于石灰岩溶山区。

栽培繁殖： 播种繁殖。宜栽于疏松、偏碱性土壤。

应用： 良好的园林绿化树种，可用于石质边坡绿化。根、叶、果入药，具凉血、消肿、退烧的功效，可治跌打损伤、毒蛇咬伤等。

白接骨 *Asystasiella neesiana* (Wall.) Lindau

爵床科 Acanthaceae
白接骨属 *Asystasiella*

别名： 血见愁、接骨丹、金不换

形态特征： 草本，具白色黏液，根状茎竹节形，高1m。叶卵形至椭圆状矩圆形，边缘微波状至具浅齿，基部下延成柄，叶片纸质，侧脉两面凸起，疏被微毛。总状花序或基部有分枝，顶生；花单生或对生；花冠淡紫红色，漏斗状；二强雄蕊，着生于花冠喉部。蒴果。花期7~8月，果期10~11月。

分布： 产江苏、浙江、江西、河南、湖北、广东、广西、四川、云南等地。生于山坡、山谷林下阴湿的石缝内和草丛中，溪边亦有。印度的东喜马拉雅山区、越南至缅甸也有分布。

习性： 喜温暖潮湿环境。对光照适应性强，全日照、半日照均可；稍耐旱。对土壤要求不严。

栽培繁殖： 播种繁殖。宜栽于疏松的微酸性壤土。

应用： 根系发达，为良好的观赏植物和边坡绿化植物。全草入药，有化瘀止血、续筋接骨、利尿消肿、清热解毒的功效。

板蓝 *Baphicacanthus cusia* (Nees) Bremek.

爵床科 Acanthaceae
板蓝属 *Baphicacanthus*

形态特征： 多年生草本，一次性结实。茎稍木质化，高约1m，通常成对分枝，幼嫩部分和花序均被锈色鳞片状毛。叶干时黑色；侧脉每边约8条，两面均凸起。穗状花序直立，苞片对生；花冠筒状漏斗形，淡紫色。蒴果。花期9～11月，果期11～12月。

分布： 产广东、海南、香港、台湾、广西、云南、贵州、四川、福建、浙江。常生于潮湿地方。孟加拉国、印度东北部、喜马拉雅等地至中南半岛均有分布。

习性： 喜温暖湿润气候，对土壤要求不严，比较耐寒。

栽培繁殖： 播种和扦插繁殖。宜栽于疏松肥沃的砂质壤土。

应用： 可作边坡绿化植物。根、叶入药，有清热解毒、凉血消肿之效。叶含蓝靛染料。

假杜鹃 *Barleria cristata* L.

爵床科 Acanthaceae
假杜鹃属 *Barleria*

形态特征：小灌木，高达2m。茎被柔毛，长枝的叶为椭圆形、长椭圆形或卵形，两面被长柔毛，腋生短枝的叶小。花在短枝上密集；花的苞片叶形，小苞片披针形或线形，花冠蓝紫或白色，二唇形；花冠管圆筒状，喉部渐大，冠檐5裂，冠檐裂片长圆形，花丝疏被柔毛。蒴果长圆形，两端急尖，无毛；花期11～12月。

分布：产台湾、福建、广东、海南、广西、四川、贵州、云南和西藏等地。生于海拔700～1100m的山坡、路旁或疏林下阴处，也可生于干燥草坡或岩石中。中南半岛各国、印度和印度洋一些岛屿也有分布。已在热带地区逸生，并栽培供观赏。

习性：喜高温高湿环境，生长适温23～30℃；对光照适应性强，全日照、半日照均可；稍耐旱。对土壤要求不严。

栽培繁殖：播种或扦插繁殖。扦插时间最好在春、秋两季，插穗嫩枝或硬枝均可，基质可选用泥炭、腐叶土或河沙，2周左右即可生根。宜栽于疏松的微酸性壤土。

应用：优良的观花植物和边坡绿化植物。全草药用，可通筋活络、解毒消肿。

小驳骨 *Gendarussa vulgaris* Nees

爵床科 Acanthaceae
驳骨草属 *Gendarussa*

别名： 接骨草

形态特征： 多年生草本或亚灌木，直立，高约1m。茎节膨大，枝对生，嫩枝常深紫色。叶纸质，狭披针形至披针状线形；中脉粗大，在正面平坦，在背面呈半柱状凸起，和侧脉均呈深紫色或有时侧脉半透明。穗状花序顶生，下部间断，上部密花；苞片对生，在花序下部的1或2对呈叶状；花冠白色或粉红色，上唇长圆状卵形，下唇浅3裂。蒴果无毛。花期春季。

分布： 产台湾、福建、广东、香港、海南、广西、云南。见于海拔50～300m的村旁或路边的灌丛中。有时栽培。印度、斯里兰卡、中南半岛各国有分布。

习性： 喜湿润的气候环境。忌干旱，忌寒冷。

栽培繁殖： 扦插繁殖。宜栽于土层深厚肥沃、排水良好的土壤。

应用： 优良的观叶植物，可用于边坡绿化。全草药用，具有抗炎、镇痛、理跌打、保肝、抗氧化、免疫抑制和抗艾滋病毒的功效。

山牵牛 *Thunbergia grandiflora* (Rottl. ex Willd.) Roxb.

爵床科 Acanthaceae
山牵牛属 *Thunbergia*

别名： 大花老鸦嘴、大花山牵牛

形态特征： 攀缘灌木。分枝较多，可攀缘很高，匍枝漫爬，小枝稍四棱形，后逐渐变圆，初密被柔毛，主节下有黑色巢状腺体及稀疏长毛。叶卵形、宽卵形或心形，边缘三角形裂片，上面被柔毛，毛基部常膨大而使叶面呈粗糙状，下面密被柔毛。花在叶腋单生或呈顶生总状花序；花冠管白色，冠檐蓝紫色。蒴果被短柔毛。花期2~10月，果期7~11月。

分布： 产广西、广东、海南、福建。生于山地灌丛。印度及中南半岛也有分布。

习性： 喜光、喜温暖气候，耐热、耐瘠薄，稍耐阴，生长适温为22~30℃，越冬温度10℃以上。蔓延力强，要求攀附物宽大牢固。

栽培繁殖： 扦插繁殖。春季扦插繁殖极易生根，雨季移植后翌年可定植。为保证通风透光，须对老植株进行修剪。宜栽于湿润、肥沃且排水良好的砂壤土。

应用： 能迅速蔓延扩散，连片生长可"独株成片"，是潜在的"森林杀手"。但可有选择地应用在大型采石场的复绿和难以绿化的石灰岩地区的荒山绿化。它也是良好的园林景观绿化植物。

华紫珠 *Callicarpa cathayana* H. T. Chang

马鞭草科 Verbenaceae
紫珠属 *Callicarpa*

形态特征： 灌木，高可达3m。小枝纤细，幼嫩梢有星状毛，老后脱落。叶片椭圆形或卵形，顶端渐尖，基部楔形，两面近于无毛，而有显著的红色腺点，侧脉在两面均稍隆起，细脉和网脉下陷，边缘密生细锯齿。聚伞花序细弱，苞片细小；花萼杯状，具星状毛和红色腺点，花冠紫色，疏生星状毛，有红色腺点。果实球形，紫色。花期5～7月，果期8～11月。

分布： 产河南、江苏、湖北、安徽、浙江、江西、福建、广东、广西、云南。多生于海拔1200m以下山坡、谷地的丛林中。

习性： 喜光，耐寒，耐干旱瘠薄。生长势强。

栽培繁殖： 播种和扦插繁殖。宜栽于肥沃湿润土壤。

应用： 良好的园林景观植物和边坡绿化植物。

马鞭草科 Verbenaceae

杜虹花 *Callicarpa formosana* Rolfe

马鞭草科 Verbenaceae
紫珠属 *Callicarpa*

形态特征： 灌木，高可达3m。小枝、叶柄和花序均密被灰黄色星状毛和分枝毛。叶片卵状椭圆形或椭圆形，顶端通常渐尖，基部钝或浑圆，边缘有细锯齿，叶柄粗壮，聚伞花序，苞片细小；花萼杯状，萼齿钝三角形；花冠紫色或淡紫色，无毛，裂片钝圆，花药椭圆形，药室纵裂；子房无毛。果实近球形，紫色。花期5～7月，果期8～11月。

分布： 产江西、浙江、台湾、福建、广东、广西、云南。生于海拔1590m以下的平地、山坡和溪边的林中或灌丛中。菲律宾也有分布。

习性： 喜温暖的气候，较耐寒。喜湿润，较耐旱。喜光照充足，也能耐半阴。

栽培繁殖： 播种、扦插繁殖。宜栽于疏松、肥沃、排水良好的土壤。

应用： 良好的盆栽观赏植物和园林景观植物，可用于边坡绿化。茎、叶及根入药，具有止血镇痛、散瘀消肿、消炎之功效。

白花灯笼 *Clerodendrum fortunatum* L.

马鞭草科 Verbenaceae
大青属 *Clerodendrum*

别名： 鬼灯笼

形态特征： 灌木，高可达2.5m。幼枝被黄褐色短柔毛或近无毛。叶对生，纸质，表面被疏生短柔毛，背面密生细小黄色腺点，沿脉被短柔毛；叶柄密被黄褐色短柔毛。聚伞花序腋生，具花3～9朵，花序梗密被棕褐色短柔毛；苞片线形，密被棕褐色短柔毛；花萼红紫色，具5棱，膨大形似灯笼，外面有短柔毛；花冠白色，稍带紫色。核果，球形，熟时蓝绿色。花果期6～11月。

分布： 产江西、福建、广东、广西。生于海拔1000m以下的丘陵、山坡、路边、村旁和旷野。

习性： 喜光，较耐干旱和瘠薄土壤。

栽培繁殖： 采用播种或扦插繁殖。

应用： 良好的边坡绿化植物。全株入药，有清热解毒、消肿散结、止咳镇痛的功效。

赪桐 *Clerodendrum japonicum* (Thunb.) Sweet

马鞭草科 Verbenaceae
大青属 *Clerodendrum*

别名： 状元红

形态特征： 灌木，高1~4m。小枝四棱形，干后有较深的沟槽，同对叶柄之间密被长柔毛。叶片圆心形，顶边缘有疏短尖齿，表面疏生伏毛，脉基具较密的锈褐色短柔毛，背面密具锈黄色盾形腺体。二歧聚伞花序组成顶生、大而开展的圆锥花序，苞片宽卵形至披针形，小苞片线形；花萼红色，散生盾形腺体；花冠红色，稀白色。果实椭圆状球形，绿色或蓝黑色。花果期5~11月。

分布： 产江苏、浙江、江西、湖南、福建、台湾、广东、广西、四川、贵州、云南。通常生于平原、山谷、溪边或疏林中或栽培于庭园。印度、孟加拉国、不丹、中南半岛各国、马来西亚、日本也有分布。

习性： 喜高温高湿气候，喜光，稍耐半荫蔽。较耐水湿，忌干旱，生长适温为23~30℃。对土壤要求不严，适应性广。

栽培繁殖： 采用播种或扦插繁殖。扦插可结合修剪进行，时间为3~4月，插条长度为15~20cm，扦插基质不限，保持80%的湿度，成活率可高达95%。宜栽于肥沃湿润土壤。

应用： 优良的园林景观植物，可用作边坡绿化。全株药用，有祛风利湿、消肿散瘀的功效。

垂茉莉 *Clerodendrum wallichii* Merr.

马鞭草科 Verbenaceae
大青属 *Clerodendrum*

别名： 垂枝茉莉

形态特征： 直立灌木或小乔木，高2~4m。小枝锐四棱形或呈翅状。叶片近革质，长圆形或长圆状披针形，全缘，两面无毛。聚伞花序排列成圆锥状，长20~33cm，下垂，花序梗及花序轴锐四棱形或翅状；花萼果时增大增厚，鲜红色或紫红色；花冠白色。核果球形，成熟后紫黑色，光亮。花果期10月至翌年4月。

分布： 产广西、云南和西藏。生于海拔100~1190m的山坡、疏林中；福建、广东、江苏等地有栽培。印度东北部、孟加拉国、缅甸北部至越南中部也有分布。

习性： 喜光，喜温暖湿润，耐荫蔽。

栽培繁殖： 播种、扦插或空中压条法繁殖均可。以扦插为主，全年均可进行，5~8月最好。插穗选取成熟枝条或嫩梢，长10~15cm，具2~3节，叶片减半。基质以素沙和珍珠岩为好，保持含水量70%~80%，约20天生根，50天即可移植。宜栽于湿润、疏松、肥沃的土壤。

应用： 根系发达，为优良的园林景观植物，可用于边坡绿化。

黄荆 *Vitex negundo* Linn.

马鞭草科 Verbenaceae
牡荆属 *Vitex*

形态特征： 灌木或小乔木；小枝四棱形，密生灰白色茸毛。掌状复叶，小叶5，少有3；小叶长圆状披针形或披针形，先端渐尖，基部楔形，全缘或具少数锯齿，背面密被茸毛。聚伞花序排成圆锥花序式，顶生；花序梗密被灰色茸毛；花冠淡紫色，被茸毛，二唇形。核果近球形。花期4～6月，果期7～10月。

分布： 主要产长江以南各地，北达秦岭淮河。生于山坡路旁或灌木丛中。非洲东部经马达加斯加、亚洲东南部及南美洲的玻利维亚也有分布。

习性： 喜光，能耐半阴，耐干旱、瘠薄和寒冷，萌芽能力强，适应性强，耐修剪。

栽培繁殖： 播种、分株、扦插、压条等方法繁殖。

应用： 根系发达，是营造边坡防护林、较快实现边坡生态恢复的良好的固坡和水土保持植物。可作盆景材料。根、茎有清热止咳、化痰截疟的功效，外用治湿疹、皮炎；果实有理气止痛的功效；种子为清凉性镇静、镇痛药。花和枝叶可提取芳香油。

荆条 *Vitex negundo* var. *heterophylla* (Franch.) Rehd.

马鞭草科 Verbenaceae
牡荆属 *Vitex*

形态特征：落叶灌木或小乔木；小枝四棱形。叶对生，掌状复叶，小叶5，少有3；小叶片披针形或椭圆状披针形，顶端渐尖，基部楔形，边缘有粗锯齿，表面绿色，背面淡绿色，通常被柔毛。圆锥花序顶生；花冠淡紫色。果实近球形，黑色。花期6~7月，果期8~11月。

分布：产华东各地及河北、湖南、湖北、广东、广西、四川、贵州、云南。生于山坡路边灌丛中。日本也有分布。

习性：喜光，耐寒，耐旱，耐瘠薄的土壤。根茎萌发力强，耐修剪。

栽培繁殖：播种、扦插、压条等方法繁殖。

应用：同黄荆。

小草蔻 *Alpinia henryi* K. Schum.

姜科 Zingiberaceae
山姜属 *Alpinia*

形态特征：常绿多年生草本，高1~2m。叶片线状披针形。总状花序直立，花序轴被绢毛；小苞片长圆形，无毛，蕾时包卷花蕾，花时脱落；花乳白色；花萼钟状，无毛，顶端具2齿，齿端具缘毛，一侧开裂至中部以下；侧生退化雄蕊近钻状；唇瓣倒卵形，顶端2裂，无毛；子房圆球形，被丝质长柔毛。果圆球形，熟时橙红色，被短柔毛，顶端有宿萼。花期4~6月，果期5~7月。

分布：产海南、广东、广西。生于山地疏或密林中。越南亦有分布。

习性：喜半阴，喜温暖湿润环境。

栽培繁殖：播种和分株繁殖。宜植于疏松肥沃富含有机质的酸性砂质土壤。

应用：根系发达，萌生力强，是优良的边坡绿化植物，也可用于庭院造景供观赏。

草豆蔻 *Alpinia katsumadai* Hayata

姜科 Zingiberaceae
山姜属 *Alpinia*

别名： 草蔻

形态特征： 常绿多年生草本，株高达3m。叶片两面无毛。总状花序顶生，直立，花序轴被粗毛；唇瓣三角状卵形，边缘及顶端黄色，顶端微2裂，具自中央向边缘放射的彩色条纹。果球形，熟时金黄色，被粗毛。花期4~6月，果期5~8月。

分布： 产广东、广西。生于山地疏林或密林中。

习性： 喜半阴，喜温暖湿润环境。

栽培繁殖： 播种和分株繁殖。宜植于疏松肥沃富含有机质的酸性砂质土壤。

应用： 根系发达，可用于边坡绿化，也可用于庭院造景供观赏。果实（种子团）药用，主治胃寒胀痛、呕吐、泄泻。

艳山姜 *Alpinia zerumbet* (Pers.) Burtt. & Smith

姜科 Zingiberaceae
山姜属 *Alpinia*

别名：土砂仁

形态特征：常绿多年生草本，株高2～3m。叶两面无毛，亮绿色。圆锥花序下垂，花序轴紫红色，被茸毛；总苞片2～3枚，革质；小苞片白色，顶端粉红色；唇瓣黄色而有紫红色纹彩。果有棱，熟时朱红色。花期4～6月，果期7～10月。

分布：产我国东南部至西南部各地。生于山谷林下。亚洲热带地区广布。

习性：喜半阴，耐阳，喜温暖湿润环境。

栽培繁殖：播种和分株繁殖。宜植于疏松肥沃富含有机质的酸性砂质土壤。

应用：根系发达，可用于边坡绿化，也可用于庭院观赏。根茎和果实均入药，果作调料。嫩根茎可腌制食用。

柊叶 *Phrynium capitatum* Willd.

竹芋科 Marantaceae
柊叶属 *Phrynium*

形态特征： 草本。株高1m，根茎块状。叶基生，长圆形或长圆状披针形，叶柄长达60cm；叶枕长3～7cm。头状花序无柄，自叶鞘内生出，苞片长圆状披针形，紫红色，顶端初急尖，后呈纤维状；萼片线形，被绢毛；花冠管较萼为短，紫堇色；裂片长圆状倒卵形，深红色；子房被绢毛。果梨形，具3棱，栗色，外果皮质硬。花期5～7月。

分布： 产广东、广西、云南等地。生于密林中阴湿之处。亚洲南部广布。

习性： 喜阴，喜高温高湿，不耐寒。

栽培繁殖： 播种和分株繁殖。宜选土层深厚、肥沃的阴湿地栽培。

应用： 园林观叶植物，可用于边坡绿化。根茎治疗肝肿大、痢疾、赤尿、叶有清热利尿，治音哑、喉痛、口腔溃疡，解酒毒等功效。民间取叶裹米粽或包物用。

蜘蛛抱蛋 *Aspidistra elatior* Blume

百合科 Liliaceae
蜘蛛抱蛋属 *Aspidistra*

形态特征：草本。根状茎近圆柱形，具节和鳞片。叶单生，彼此相距1~3cm，矩圆状披针形、披针形至近椭圆形；叶柄明显，粗壮。总花梗长0.5~2cm；苞片3~4枚，其中2枚位于花的基部，宽卵形，淡绿色；花被钟状，外面带紫色或暗紫色，内面下部淡紫色或深紫色，花被筒裂片近三角形，向外扩展或外弯，边缘和内侧的上部淡绿色，内面具特别肥厚的肉质脊状隆起，紫红色。

分布：原产日本，各国广为引种栽培。

习性：极耐阴，喜温暖、阴湿，耐贫瘠，不耐寒。

栽培繁殖：分株繁殖。宜植于疏松、肥沃及排水良好的砂质壤土。

应用：优良的园林观叶植物，可用于边坡绿化。对甲醛有清除作用，对二氧化碳、氟化氢也有一定的吸收作用。

山麦冬 *Liriope spicata* (Thunb.) Lour.

百合科 Liliaceae
山麦冬属 *Liriope*

形态特征： 多年生草本。根状茎短，木质，具地下走茎；根近末端处常膨大成矩圆形、椭圆形或纺锤形的肉质小块根。叶基生，长线形，正面深绿色，背面粉绿色，边缘有锯齿。总状花序；花被片矩圆形、矩圆状披针形，淡紫色或淡蓝色。种子近球形。花期5~7月，果期8~10月。

分布： 除黑龙江、吉林、辽宁、内蒙古、青海、新疆、西藏各地外，其他地区广泛分布和栽培。生于海拔50~1400m的山坡、山谷林下、路旁或湿地。为常见栽培的观赏植物。也分布于日本、越南。

习性： 喜阴湿，忌阳光直射。对土壤要求不严。

栽培繁殖： 播种或分株繁殖。宜植于湿润肥沃土壤。

应用： 优良的观花、观叶地被植物，可用于边坡绿化。全草入药，具有养阴生津、润肺清新的功效。

沿阶草 *Ophiopogon bodinieri* Levl.

百合科 Liliaceae
沿阶草属 *Ophiopogon*

形态特征： 多年生草本。茎很短；地下走茎长，节上具膜质的鞘；根纤细，近末端具纺锤形小块根。叶基生成丛，禾叶状。总状花序；花常生于苞片腋内，苞片呈线形或披针形，稍带黄色，半透明；花被片呈卵状披针形，白色或稍带紫色。花期6~8月，果期8~10月。

分布： 产云南、贵州、四川、湖北、河南、陕西、甘肃、西藏和台湾。生于海拔600~3400m的山坡、山谷潮湿处、沟边、灌木丛下或林下。

习性： 喜阴湿环境，忌阳光暴晒，不耐盐碱或干旱，耐寒。对土壤要求不严。

栽培繁殖： 播种或分株繁殖。宜植于湿润肥沃土壤。

应用： 优良的地被植物，可用于边坡绿化。全株入药，有清热解毒、养肺润肺、治疗便秘、益胃生津的功效。

麦冬 *Ophiopogon japonicus* (L. f.) Ker-Gawl.

百合科 Liliaceae
沿阶草属 *Ophiopogon*

别名： 麦门冬、沿阶草

形态特征： 草本。茎很短；地下走茎细长，节上具膜质的鞘；根较粗，中间或近末端具椭圆形或纺锤形小块根；小块根淡褐黄色。叶基生成丛，禾叶状，边缘具细锯齿。花葶通常比叶短得多；总状花序；花单生或成对生，花被片常稍下垂而不展开，披针形白色或淡紫色。种子球形。花期5～8月，果期8～9月。

分布： 产广东、广西、福建、台湾、浙江、江苏、江西、湖南、湖北、四川、云南、贵州、安徽、河南、陕西和河北。生于海拔2000m以下的山坡阴湿处、林下或溪旁；浙江、四川、广西等地均有栽培。日本、越南、印度也有分布。

习性： 喜温暖湿润、降雨充沛的气候条件和较荫蔽的环境，耐阴、耐寒、耐旱、抗病虫害，忌强光和高温。

栽培繁殖： 多采用分株繁殖。宜植于湿润肥沃土壤。

应用： 优良的地被植物，可用于边坡绿化。小块根是中药麦冬，有生津解渴、润肺止咳之效。

吉祥草 *Reineckea carnea* (Andr.) Kunth

百合科 Liliaceae
吉祥草属 *Reineckea*

形态特征： 草本。茎蔓延于地面，逐年向前延长或发出新枝，每节上有一残存的叶鞘，两叶簇间可相距几厘米至10多厘米。叶每簇有3～8枚，条形至披针形，先端渐尖，向下渐狭成柄，深绿色。穗状花序；花芳香，粉红色；裂片矩圆形，稍肉质；雄蕊短于花柱，花丝和花柱丝状。浆果熟时鲜红色。花果期7～11月。

分布： 产江苏、浙江、安徽、江西、湖南、湖北、河南、陕西、四川、云南、贵州、广西和广东。生于海拔170～3200m的阴湿山坡、山谷或密林下。

习性： 喜温暖、湿润的环境，较耐寒耐阴。对土壤的要求不高，适应性强。

栽培繁殖： 多采用分株法。宜植于排水良好、湿润、肥沃的土壤。

应用： 优良的地被植物，可用于边坡绿化。全草入药，有润肺止咳、固肾、接骨、清热利湿之功效。

菝葜 *Smilax china* L.

菝葜科 Smilacaceae
菝葜属 *Smilax*

形态特征： 攀缘灌木。根状茎粗厚，坚硬，为不规则的块状；茎干较粗，嫩白色，呈圆柱形，表面带有小刺。叶薄革质或坚纸质，干后通常红褐色或近古铜色，圆形、卵形或其他形状，有卷须。伞形花序生于叶尚幼嫩的小枝上，具十几朵或更多的花，常呈球形；花朵较小，纯白色，花绿黄色。果实熟时红色，有粉霜。花期2~5月，果期9~11月。

分布： 产华南、华东、华中、西南等地。生于海拔2000m以下的林下、灌丛中、路旁、河谷或山坡上。缅甸、越南、泰国、菲律宾也有分布。

习性： 喜疏阴环境，忌日光直射，喜温暖，较耐寒，生长力极强。

栽培繁殖： 播种繁殖、扦插繁殖和根茎繁殖，以根茎繁殖为主。宜植于排水良好、湿润、肥沃疏松的土壤。

应用： 根系发达，可用于边坡绿化。根茎入药，有祛风湿、利小便、消肿毒、强筋骨的功效。有些地区作土茯苓用。

土茯苓 *Smilax glabra* Roxb.

菝葜科 Smilacaceae
菝葜属 *Smilax*

别名： 光叶菝葜

形态特征： 攀缘灌木。根状茎粗厚，块状，常由匍匐茎相连接；枝条光滑，无刺。叶片薄革质，狭椭圆状披针形至狭卵状披针形，两面无毛；有卷须。伞形花序，总花梗通常明显短于叶柄，极少与叶柄近等长；在总花梗与叶柄之间有一芽；花序托膨大，小苞片多少呈莲座状，花绿白色，六棱状球形。浆果熟时紫黑色，具粉霜。花期7~11月，果期11月至翌年4月。

分布： 产甘肃南部和长江流域以南各地，直到台湾、海南和云南。生于海拔1800m以下的林中、灌丛下、河岸或山谷中，也见于林缘与疏林中。越南、泰国和印度也有分布。

习性： 喜温暖环境，耐干旱和荫蔽。

栽培繁殖： 以播种繁殖为主。宜植于排水良好、湿润、肥沃疏松的土壤。

应用： 根系发达，可用于边坡绿化。本种粗厚的根状茎入药，称土茯苓，为中国传统清热解毒常用中药，具有调中止泻、健脾胃、强筋骨、祛湿、利关节等功效。

短穗鱼尾葵 *Caryota mitis* Lour.

棕榈科 Palmae
鱼尾葵属 *Caryota*

形态特征： 丛生，小乔木状，高5～8m。茎绿色，被微白色毡状茸毛。叶片楔形或斜楔形，内缘1/2以上弧曲成不规则齿缺，延伸成尾尖或短尖，老叶近革质；叶柄被褐黑色毡状茸毛；叶鞘边缘具网状棕黑色纤维。佛焰苞与花序被糠秕状鳞秕，具密集穗状分枝花序；雄花萼片宽倒卵形，具睫毛，花瓣窄长圆形；雌花萼片宽倒卵形，花瓣卵状三角形。果似球形，成熟时紫红色，具1颗种子。花期4～6月，果期8～11月。

分布： 产海南、广西、福建等地。生于山谷林中或植于庭园。越南、缅甸、印度、马来西亚、菲律宾、印度尼西亚（爪哇）亦有分布。

习性： 喜光及温暖湿润的环境，略耐阴、耐寒，不耐干旱。抗风。

栽培繁殖： 播种繁殖和分株繁殖。宜植于疏松肥沃、排水良好的酸性土壤。

应用： 根系发达，为优良的园林绿化植物，可用于边坡绿化。其茎的髓心含淀粉，可供食用，入药具有和胃止痛的功效。花序液汁含糖分，供制糖或酿酒。

大叶仙茅 *Curculigo capitulata* (Lour.) O. Ktze.

仙茅科 Hypoxidaceae
仙茅属 *Curculigo*

形态特征：多年生草本，高达1m多。根茎块状粗厚，具细长走茎；叶通常4~7枚，纸质，长圆状披针形，顶端长渐尖；基部略下延，有显著折扇状脉，似折叠状；叶柄密被短柔毛。花茎被褐色长柔毛，总状花序极短缩成头状，俯垂；花密集，黄色。浆果近球形。花期5~6月，果期8~9月。

分布：产华南、华中、东南、西南各地。生于海拔850~2200m的林下或阴湿处。在印度次大陆至东南亚均有分布。

习性：喜温暖、阴湿环境，较耐寒，也耐旱。

栽培繁殖：以分株繁殖为主。宜植于疏松、富含殖质的砂质土壤中。

应用：根系发达，为优美的盆栽观叶植物和地被植物，可用于边坡绿化。全株药用，可润肺化痰、止咳平咳、镇静、健脾、补肾固精。

仙茅 *Curculigo orchioides* Gaertn.

仙茅科 Hypoxidaceae
仙茅属 *Curculigo*

形态特征： 多年生草本。根状茎圆柱状，直生。叶线形或披针形，两面有柔毛或无毛。花茎甚短，长6～7cm，大部分藏于鞘状叶柄基部之内，被毛。花黄色，花被片长圆状披针形；子房狭长，顶端具长喙，被疏毛。浆果近纺锤状。花果期4～9月。

分布： 产浙江、江西、福建、台湾、湖南、广东、广西、四川南部、云南和贵州。生于海拔1600m以下的林中、草地或荒坡上。也分布于东南亚各国至日本。

习性： 喜温暖、阴湿环境，较耐寒，也耐旱。

栽培繁殖： 以分株繁殖为主。宜植于疏松、富含殖质的砂质土壤中。

应用： 根系发达，为优美的盆栽观叶植物和地被植物，可用于边坡绿化。本种以其叶似茅，根状茎久服益精补髓，增添精神，故有仙茅之称。通常用以治阳痿、遗精、腰膝冷痛或四肢麻木等症。

虾脊兰 *Calanthe discolor* Lindl.

兰科 Orchidaceae
虾脊兰属 *Calanthe*

形态特征： 草本。根状茎不甚明显，假鳞茎粗短，近圆锥形。叶在花期全部未展开，呈倒卵状长圆形或椭圆状长圆形，背面密被短毛。花葶高出叶外，密被短毛；总状花序，疏生约10朵花；萼片和花瓣呈褐紫色，花瓣呈长圆形或倒披针形，唇瓣为白色，呈扇形，3深裂。花期4～5月。

分布： 产浙江、江苏、福建、湖北、广东和贵州。生于海拔780～1500m的常绿阔叶林下。日本也有分布。

习性： 较耐寒，耐半阴，不耐干旱，喜温暖湿润、阳光充足的环境。

栽培繁殖： 以分株繁殖为主。宜植于疏松肥沃和排水良好的腐叶土或泥炭藓土。

应用： 优良的观赏植物，可用于边坡绿化。根入药，具有活血化瘀、消痈散结的功效。

鹤顶兰 *Phaius tancarvilleae* (Banks ex L'Herit.) Bl.

兰科 Orchidaceae
鹤顶兰属 *Phaius*

形态特征：高大地生草本。假鳞茎圆锥形，被鞘，上部有互生叶2～6枚。叶长圆状披针形，先端渐尖，基部渐狭成长柄，无毛。花葶从假鳞茎基部或叶腋发出，直立，疏生大型鳞片状鞘；总状花序花多数，花大而美丽，背面白色，内面暗赭色；唇瓣背面白色，内面茄紫色有白色条纹，浅3裂，围抱蕊柱而呈喇叭状，边缘稍波状。蒴果长椭圆形。花期3～6月。

分布：产台湾、福建、广东、香港、海南、广西、云南和西藏东南部。生于海拔700～1800m的林缘、沟谷或溪边阴湿处。广布于亚洲热带和亚热带地区以及大洋洲。

习性：喜温暖、湿润、半荫蔽的气候，忌干旱，忌瘠薄，轻耐寒冷，生长适温为18～25℃。

栽培繁殖：以分株繁殖为主。宜植于疏松肥沃、排水良好、富含腐殖质的微酸性土壤。

应用：花期长，具芳香，是极好的室内盆栽花卉，可用于边坡绿化，也适宜林下阴湿处片植。

芦竹 *Arundo donax* L.

禾本科 Gramineae
芦竹属 *Arundo*

形态特征： 多年生草本，具发达根状茎。秆粗大直立，高3~6m，坚韧，多节，常生分枝。叶鞘长于节间，无毛或颈部具长柔毛；叶舌平截，先端具纤毛；叶片扁平，抱茎。圆锥花序长大，分枝稠密，斜升。颖果细小黑色。花果期9~12月。

分布： 产广东、海南、广西、贵州、云南、四川、湖南、江西、福建、台湾、浙江、江苏。生于河岸道旁、砂质壤土上。南方各地庭园引种栽培。亚洲、非洲、大洋洲热带地区广布。

习性： 喜光照充足，耐半阴，喜温暖，喜水湿，较耐寒。

栽培繁殖： 播种、分株、扦插方法繁殖，一般用分株方法。宜植于湿润的肥沃土壤中。

应用： 根系发达，可用于边坡绿化。其纤维素含量高，是制优质纸浆和人造丝的原料。幼嫩枝叶的粗蛋白质达12%，是牲畜的良好青饲料。

狗牙根 *Cynodon dactylon* (L.) Pers.

禾本科 Gramineae
狗牙根属 *Cynodon*

形态特征： 低矮草本，具根茎。秆细而坚韧，下部匍匐地面蔓延甚长，节上常生不定根。鞘口常具柔毛；叶舌仅为一轮纤毛；叶为线形，通常无毛。穗状花序；小穗灰绿色，稀带紫色，花药淡紫色；子房无毛，柱头紫红色。颖果长圆柱形。花果期5~10月。

分布： 广布于我国黄河以南各地。多生长于村庄附近、道旁河岸、荒地山坡。全世界温暖地区均有分布。

习性： 极耐热、耐旱，耐践踏，抗寒性差，不耐阴，稍耐盐碱。

栽培繁殖： 以分株繁殖为主，也可播种繁殖。宜植于排水良好的肥沃土壤中。

应用： 根茎蔓延力很强，广铺地面，是良好的固堤保土植物。全草可入药，有清血、解热、生肌之效。

牛筋草 *Eleusine indica* (L.) Gaertn.

禾本科 Gramineae
穇属 *Eleusine*

形态特征： 一年生草本。根系极发达。秆丛生，基部倾斜，高10～90cm。叶鞘两侧压扁而具脊；叶片平展，线形。穗状花序2～7个指状着生于秆顶，花两性。囊果卵形，基部下凹，具明显的波状皱纹。花果期6～10月。

分布： 产我国南北各地。多生于荒芜之地及道路旁。分布于全世界温带和热带地区。

习性： 喜光，耐干旱，结实多且易散落，自然扩散能力很强。对土壤要求不严。

栽培繁殖： 播种繁殖和分株繁殖。宜植于疏松肥沃壤土。

应用： 根系极发达，为优良的保土植物。全草煎水服，可防治乙型脑炎。全株可作饲料。

白茅 *Imperata cylindrica* (L.) Beauv.

禾本科 Gramineae
白茅属 *Imperata*

形态特征： 多年生草本，具粗壮的长根状茎。秆直立，高30~80cm，具1~3节，节无毛。叶鞘聚集于秆基，秆生叶片窄线形，通常内卷，质硬，被有白粉，基部上面具柔毛。圆锥花序稠密；小穗基盘具丝状柔毛；柱头2，紫黑色，羽状，自小穗顶端伸出。颖果椭圆形。花果期4~6月。

分布： 广泛分布于热带、亚热带、暖温带和温带低海拔地区；中国各地均有分布。

习性： 喜光，稍耐阴，喜肥又极耐瘠薄，相当耐水淹，也耐干旱。适应各种土壤，黏土、砂土、壤土均可生长。

栽培繁殖： 主要以分株繁殖为主，也可以播种繁殖。宜植于肥沃疏松、湿润土壤。

应用： 根系发达，生命力顽强，蔓延甚速，是优良的固土固沙护坡植物，但也成为农田和草坪的有害杂草。根茎入药，有凉血止血、清热通淋、利湿退黄、疏风利尿、清肺止咳的功效。根茎可以食用，处于花苞时期的花穗可以鲜食。

淡竹叶 *Lophatherum gracile* Brongn.

禾本科 Gramineae
淡竹叶属 *Lophatherum*

形态特征： 多年生，具木质根头。须根中部膨大呈纺锤形小块根。秆直立，疏丛生，高可达80cm。叶舌质硬，褐色，背有糙毛；叶片披针形，具横脉，有时被柔毛或疣基小刺毛。圆锥花序，小穗线状披针形，具极短柄；颖顶端钝。颖果长椭圆形。花果期6～10月。

分布： 产江苏、安徽、浙江、江西、福建、台湾、湖南、广东、广西、四川、云南。生于山坡、林地或林缘、道旁荫蔽处。印度、斯里兰卡、缅甸、马来西亚、印度尼西亚、新几内亚岛及日本均有分布。

习性： 喜阴、温暖潮湿环境。

栽培繁殖： 播种、分株繁殖皆可。宜植于肥沃、透水性好的黄壤土和砂质壤土。

应用： 本种根系发达，可用于边坡绿化。全草及块根入药，能清心、利尿、消除烦躁，对于牙龈肿痛、口腔炎等有良好的疗效，民间多用其茎叶制作夏日消暑的凉茶饮用。

五节芒 *Miscanthus floridulus* (Lab.) Warb. ex Schum. et Laut.

禾本科 Gramineae
芒属 *Miscanthus*

形态特征： 多年生草本，具发达根状茎。秆高大似竹，高2～4m，节下具白粉。叶片披针状线形，扁平，基部渐窄或呈圆形，顶端长渐尖，中脉粗壮隆起，两面无毛，或上面基部有柔毛，边缘粗糙。圆锥花序大型，稠密，小穗卵状披针形，黄色，基盘具较长于小穗的丝状柔毛；雄蕊3枚，花药橘黄色；花柱极短，柱头紫黑色，自小穗中部之两侧伸出。花果期5～10月。

分布： 产江苏、浙江、福建、台湾、广东、海南、广西等地。生于低海拔撂荒地与丘陵潮湿谷地和山坡或草地。自亚洲东南部太平洋诸岛屿至波利尼西亚也有分布。

习性： 耐寒也抗热，喜温暖湿润的气候。耐瘠薄，对土壤要求不严。

栽培： 分株或播种繁殖。春秋皆可进行。适应性强，管理粗放。宜植于排水良好的肥沃土壤中。

应用： 根系发达，为优良的固土护坡植物，有较强的水土保持能力。幼叶作饲料。秆可作造纸原料。根状茎有利尿之效。

芒 *Miscanthus sinensis* Anderss

禾本科 Gramineae
芒属 *Miscanthus*

形态特征： 多年生丛生草本。秆高1~2m。叶鞘无毛，长于其节间；叶舌膜质，顶端及其后面具纤毛；叶片线形，背面疏生柔毛及被白粉，边缘具利齿，十分锋利。圆锥花序直立，长15~40cm，主轴无毛，分枝较粗硬；小穗披针形，黄色，具丝状柔毛；柱头羽状，紫褐色。颖果长圆形，暗紫色。花果期7~12月。

分布： 产长江流域以南。遍布于海拔1800m以下的山地、丘陵和荒坡原野，常组成优势群落。日本、朝鲜也有分布。

习性： 耐寒也抗热，耐旱，耐盐碱。对土壤要求不严，也耐瘠薄和修剪。

栽培繁殖： 分株或播种繁殖。春秋皆可进行。适应性强，管理粗放。宜植于排水良好的肥沃土壤中。

应用： 根系发达，为优良的固土护坡植物，有较强的水土保持能力。对重金属污染土壤有修复作用。

类芦 *Neyraudia reynaudiana* (Kunth) Keng ex Hitahc.

禾本科 Gramineae
类芦属 *Neyraudia*

形态特征： 多年生草本。具木质根状茎，须根粗而坚硬。秆直立，高2~3m，节具分枝，节间被白粉。叶鞘无毛；叶舌密生柔毛；叶片细长，扁平或卷折。圆锥花序，分枝细长，开展或下垂；小穗外稃多被白色长柔毛；内稃短于外稃。颖果。花果期8~12月。

分布： 产长江以南及西南各地。生于海拔300~1500m的河边、山坡或砾石草地。日本、印度、马来西亚也有分布。

习性： 极耐干旱，耐寒、耐高温和瘠薄土壤，适生石质、砂砾立地。

栽培繁殖： 播种或分株繁殖。春秋季皆可进行，生长快，适应性强，管理粗放。宜植于排水良好的肥沃土壤中。

应用： 为优良的固土护坡植物。

铺地黍 *Panicum repens* L.

禾本科 Gramineae
黍属 *Panicum*

形态特征： 多年生草本。根茎粗壮发达。秆直立，坚挺，高50～100cm。叶鞘光滑，边缘被纤毛；叶舌长约0.5mm，顶端被睫毛；叶片质硬，线形，干时常内卷，呈锥形，上表皮粗糙或被毛，下表皮光滑；叶舌极短，膜质，顶端具长纤毛。圆锥花序开展，分枝斜上；小穗长圆形，无毛，顶端尖；第一颖薄膜质，第二颖约与小穗近等长，顶端喙尖，第一小花雄性，花药暗褐色；第二小花结实，长圆形。花果期6～11月。

分布： 产我国东南各地。生于海边、溪边以及潮湿之处。广布世界热带和亚热带。

习性： 喜光，耐旱，耐湿，耐低温，耐盐碱，对土壤要求不严。

栽培繁殖： 播种或分株繁殖。宜植于排水良好的肥沃土壤中。

应用： 繁殖力特强，根系发达，可用于边坡生态恢复。可为高产牧草，但亦是难除杂草之一。全草入药，有清热平肝、通淋利湿之功效。

狼尾草 *Pennisetum alopecuroides* (L.) Spreng.

禾本科 Gramineae
狼尾草属 *Pennisetum*

形态特征： 多年生草本。须根较粗壮。秆直立，丛生，高30～120cm，在花序下密生柔毛。叶鞘光滑，两侧压扁，秆上部者长于节间；叶舌具纤毛；叶片线形，先端长渐尖，基部生疣毛。圆锥花序直立；主轴密生柔毛；刚毛粗糙，淡绿色或紫色；小穗通常单生，偶有双生，线状披针形；花药顶端无毫毛；花柱基部连合。颖果长圆形。花果期夏秋季。

分布： 自东北、华北经华东、中南及西南各地均有分布。多生于海拔50～3200m的田岸、荒地、道旁及小山坡上。日本、印度、朝鲜、缅甸、巴基斯坦、越南、菲律宾、马来西亚、大洋洲及非洲也有分布。

习性： 喜光，亦能耐半阴，耐旱，耐湿，抗寒，抗倒伏，无病虫害。适合温暖、湿润的气候条件，当气温达到20℃以上时，生长速度加快。

栽培繁殖： 播种繁殖。宜植于肥沃土壤中。

应用： 根系发达，为优良的固土护坡植物以及饲料牧草。

斑茅 *Saccharum arundinaceum* Retz.

禾本科 Gramineae
甘蔗属 *Saccharum*

形态特征： 多年生高大丛生草本，高2～4m。叶鞘长于其节间，基部或上部边缘和鞘口具柔毛；叶舌膜质，上面基部生柔毛，边缘锯齿状粗糙。圆锥花序大型，稠密；总状花序轴节间与小穗柄细线形，被长丝状柔毛，黄绿色或带紫色；第一颖沿脊微粗糙，背部具长于其小穗1倍以上之丝状柔毛，第二颖上部边缘具纤毛，背部具有长柔毛。颖果长圆形。花果期8～12月。

分布： 产河南、陕西、浙江、江西、湖北、湖南、福建、台湾、广东、海南、广西、贵州、四川、云南等地。生于山坡和河岸溪涧草地。印度、缅甸、泰国、越南、马来西亚也有分布。

习性： 耐旱、耐涝，喜温暖潮湿气候。对土壤要求不严，在pH为5.5～6的酸性红壤和微碱性土壤上均可生长。

栽培繁殖： 一般为地下茎埋殖和压秆繁殖。宜在疏松、肥沃的砂质壤土栽培。

应用： 优良的庭园观赏植物。可用于边坡绿化。

粽叶芦 *Thysanolaena latifolia* (Roxb. ex Hornem.) Honda

[*Thysanolaena maxima* (Roxb.) Kuntze]

禾本科 Gramineae
粽叶芦属 *Thysanolaena*

形态特征： 多年生丛生草本。秆高 2~3m，直立粗壮，具白色髓部，不分枝。叶鞘无毛，叶舌长 1~2mm，质硬，截平；叶片披针形，具横脉，顶端渐尖，基部心形，具柄。圆锥花序大型，柔软，分枝多，斜向上升；小穗柄具关节；颖片无脉。颖果长圆形。一年有两次花果期，春夏或秋季。

分布： 产广东、广西、台湾、贵州。生于山坡、山谷或树林下和灌丛中。印度、中南半岛各国、印度尼西亚、新几内亚岛也有分布。

习性： 喜光照充足、温暖湿润环境。耐旱、耐瘠薄。

栽培繁殖： 分株或播种繁殖，于春季进行。适应性强，管理粗放。宜栽培在肥沃、疏松的土壤。

应用： 花序紫红色，可作绿化观赏。为优良的固土护坡植物。根可入药，具有止咳平喘、清热截疟之功效。

参考文献

陈平, 梁建华, 韩瑞宏, 等. 顺德裸露石质边坡复绿植物多样性及群落演替分析[J]. 广东农业科学, 2013, 16: 155–159.

陈子牛. 周建洪. 弥勒县石灰岩山地的野生观赏植物资源[J]. 云南林业科技, 2001, 2: 24–28.

胡建忠. 用于边坡绿化的水土保持灌草植物资源[J]. 中国水土保持, 2021, 10: 1–4.

胡建忠. 用于边坡绿化的水土保持藤本植物资源[J]. 中国水土保持, 2022, 3: 1–4.

蒋能, 刘合霞, 岑华飞, 等. 桂林市公路优良边坡生态绿化植被的优选及配置研究[J]. 环境科学与管理, 2018, 43(9): 144–149.

刘东明, 李作恒, 王丙兴, 等. 高速公路景观植物[M]. 北京: 人民交通出版社, 2016.

刘东明, 李作恒, 王丙兴, 等. 山区高速公路边坡生态恢复与重建技术及实践[M]. 北京: 人民交通出版社, 2016.

刘东明, 林才奎. 高速公路边坡绿化理论与实践[M]. 武汉: 华中科技大学出版社, 2010.

龙春英, 刘苑秋, 杜天真, 等. 江西省高速公路边坡植被恢复现状及发展对策[J]. 福建林业科技, 2011, 38(4): 157–160.

卢寰. 崇左市石灰岩地区适生树种及造林方法[J]. 现代农业科技, 2016, 11: 199–201.

潘声旺, 袁馨, 胡明成, 等. 初始绿化植物生活型构成对边坡植被群落特征及水土保持性能的影响[J]. 西北农林科技大学学报(自然科学版), 2015, 43(9): 217–224.

沈海岑、梁海英、李鹏初, 等. 华南地区常见园林植物识别与应用: 乔木卷[M]. 北京: 中国林业出版社, 2019.

宋凤鸣, 刘建华, 钱瑭璜, 等. 8种乡土植物在边坡植被恢复工程中的应用[J]. 中国水土保持科学, 2016, 14(4): 134–141.

唐忠国, 陈弘曦, 李冰, 等. 三十种藤本植物在高速公路边坡绿化的评价与筛选[J]. 热带农业科学, 2023, 43(8): 86–92.

吴欣, 袁月芳, 李鹏初, 等. 华南地区常见园林植物识别与应用: 灌木与藤本卷[M]. 北京: 中国林业出版社, 2021.

谢腾芳, 李子华, 谭广文, 等. 广州地区边坡绿化现状及植物应用[J]. 现代园艺, 2021, 22: 117–119.

许建新, 吴彩琼, 周琼, 等. 黄石市岩质边坡生态修复植物筛选应用研究[J]. 亚热带水土保持, 2011, 23(4): 22-27.

叶华谷, 李楚源, 叶文才, 等. 中国中草药志: 1-5 册[M]. 北京: 化学工业出版社, 2022.

叶华谷, 邢福武, 廖文波, 等. 广东植物图鉴: 上下册[M]. 武汉: 华中科技大学出版社, 2018.

叶向斌, 黎基裕, 蔡维藩, 等. 广东石灰岩地区野生观赏植物资源的调查研究[J]. 仲恺农业技术学院学报, 1994, 7(1): 11-22.

张称称. 藤本植物在边坡绿化中的应用研究——以福建省南平市延平区边坡绿化为例[J]. 世界热带农业信息, 2023, 2: 63-65.

曾明创. 广东省公路边坡植被情况及效果分析[J]. 广东交通职业技术学院学报, 2016, 15(4): 15-18.

郑建平. 福建省道路边坡绿化木质藤本植物资源与配置研究[J]. 福建林业科技, 2005, 32(4): 151-154.

中国科学院中国植物志编辑委员会. 中国植物志 1-80(126 册)卷[M]. 北京: 科学出版社, 1959-2004.

周桂英, 李凤仪, 蒙浪. 利用飘板对 8 种华南乡土植物在石质边坡的应用示范研究[J]. 现代园艺, 2022, 1(21): 22, 27.

周琳洁. 华南乡土树种与应用[M]. 北京: 中国建筑工业出版社, 2010.

植物中文名索引

B

巴戟	159
巴戟天	159
菝葜	212
白背枫	139
白蝉	156
白蟾	156
白饭树	053
白花灯笼	198
白花酸藤果	134
白花酸藤子	134
白接骨	191
白蜡树	143
白茅	222
白木香	025
白楸	056
百根草	181
百眼藤	160
斑茅	229
板蓝	192
半边旗	004
半边月	173
逼迫子	052
笔管榕	101
薜荔	100

C

草豆蔻	204
草蔻	204
草珊瑚	022
茶梅	029
茶条木	119
潺槁木姜子	015
潺槁树	015
常山	062
车轮梅	067
车桑子	121
赪桐	199
楮	097
楮桃	097
垂茉莉	200
垂枝茉莉	200
春花	067
粗糠柴	057
粗叶悬钩子	068

D

大红花	048
大花老鸦嘴	195
大花帘子藤	150
大花忍冬	169
大花山牵牛	195
大金银花	167
大罗伞树	130
大叶黄杨	109
大叶金银花	167
大叶山绿豆	080
大叶山蚂蝗	080
大叶仙茅	215
大叶锥	093
大猪屎豆	078
淡竹叶	223
地胆草	177
地胆头	177
地瓜	102
地瓜榕	102
地果	102
地锦	113
地桃花	050
棣棠花	066
蝶花荚蒾	171
东方狗脊	008
冬青卫矛	109
杜虹花	197
杜茎山	136
杜鹃	127
短穗鱼尾葵	214
对叶榕	098
多花丁公藤	184
多花胡枝子	084
多花木蓝	081
多花野牡丹	036
多脉酸藤子	133

E

鹅掌柴	125

F

扶芳藤	108
扶桑	048
福建山樱花	063

G

甘木通	016
干旱毛蕨	006
岗稔	032
岗松	031
杠柳	152
葛	087
葛麻姆	088
葛藤	087
宫粉羊蹄甲	072
钩藤	165
狗牙根	220
枸骨	105
枸骨冬青	105
构树	097
菰腺忍冬	167
光叶菝葜	213
光叶山矾	138
广宁油茶	030
鬼灯笼	198
桂花	148
桂圆	120

H

海南菜豆树	190
海南蒲桃	033
海桐	026
含笑花	011
合欢	069
鹤顶兰	218
红背山麻杆	051
红花檵木	092
红花羊蹄甲	070
红花油茶	027
红花紫荆	072
红檵木	092
红蓼	023
红腺忍冬	167
胡枝子	083
虎皮楠	061
虎舌红	131
花椒簕	117
华南胡椒	019
华紫珠	196
黄花草	181

黄花蒿 …… 174	**L**	枇杷 …… 065
黄荆 …… 201	狼尾草 …… 228	苹婆 …… 046
黄牛木 …… 041	榔榆 …… 096	坡柳 …… 121
黄皮 …… 114	簕欓花椒 …… 117	破布木 …… 183
黄素馨 …… 144	类芦 …… 226	蒲儿根 …… 180
黄野百合 …… 079	篱栏网 …… 186	蒲桃 …… 034
黄栀子 …… 155	簕蓊 …… 093	铺地黍 …… 227
灰莉 …… 142	簕蓊锥 …… 093	
灰毛豆 …… 090	楝 …… 118	**Q**
	楝树 …… 118	千里光 …… 179
J	凉粉子 …… 100	
鸡咀簕 …… 117	凌霄 …… 187	**R**
鸡矢藤 …… 162	流血桐 …… 055	忍冬 …… 168
鸡屎藤 …… 162	六月雪 …… 164	乳汁藤 …… 150
鸡眼藤 …… 160	龙船花 …… 158	
姬蕨 …… 003	龙眼 …… 120	**S**
吉祥草 …… 211	芦竹 …… 219	三裂叶野葛 …… 086
鲫鱼胆 …… 137	栾树 …… 122	三脉紫菀 …… 175
檵木 …… 091	络石 …… 151	桑 …… 104
荚蒾 …… 170		桑树 …… 104
假杜鹃 …… 193	**M**	山苍子 …… 014
假蒟 …… 021	麦冬 …… 210	山杜英 …… 044
假蓝靛 …… 090	麦门冬 …… 210	山黄麻 …… 095
假蒌 …… 021	蔓胡颓子 …… 110	山鸡椒 …… 014
假苹婆 …… 045	芒 …… 225	山蒟 …… 020
假鹰爪 …… 012	芒萁 …… 002	山麦冬 …… 208
见血飞 …… 181	猫尾木 …… 188	山牵牛 …… 195
剑叶耳草 …… 157	毛杜鹃 …… 126	山乌桕 …… 059
接骨草 …… 194	毛茛 …… 039	山小橘 …… 115
接骨丹 …… 191	美丽胡枝子 …… 085	山银花 …… 167
金不换 …… 191	密蒙花 …… 141	山指甲 …… 147
金柴胡 …… 181	木芙蓉 …… 047	珊瑚树 …… 172
金丝桃 …… 042	木蝴蝶 …… 189	蛇头王 …… 181
金锁匙 …… 157	木姜子 …… 014	肾蕨 …… 009
金锁钥 …… 181	木槿 …… 049	石斑木 …… 067
金银花 …… 168	木通 …… 017	使君子 …… 040
金钟藤 …… 185	木樨 …… 148	柿树 …… 128
锦绣杜鹃 …… 126		首冠藤 …… 071
荆条 …… 202	**N**	水横枝 …… 155
九丁榕 …… 099	南山茶 …… 030	水锦树 …… 166
九节 …… 163	南蛇藤 …… 107	水石榕 …… 043
九节木 …… 163	南天竹 …… 018	水团花 …… 153
九里香 …… 116	柠檬清风藤 …… 123	丝铁线莲 …… 016
救必应 …… 106	牛筋草 …… 221	酸藤子 …… 132
	牛奶子 …… 111	酸叶胶藤 …… 149
K		算盘子 …… 054
苦楝 …… 118	**P**	
	爬墙虎 …… 113	**T**
	蟛蜞菊 …… 182	探春花 …… 144

桃金娘 032
田菁 089
贴梗海棠 064
铁刀木 076
铁冬青 106
土沉香 025
土茯苓 213
土蜜树 052
土砂仁 205
椭圆叶木蓝 082

W
网脉酸藤子 135
乌桕 060
乌毛蕨 007
乌墨 033
蜈蚣草 005
蜈蚣凤尾蕨 005
蜈蚣蕨 005
五倍子 124
五节芒 224

X
细叶水团花 154
虾脊兰 217
狭叶山黄麻 094
仙茅 216
香蒲桃 035
响铃豆 077

小驳骨 194
小草蔻 203
小花山小橘 115
小蜡 147
小叶女贞 146
小叶榆 096
肖梵天花 050
斜叶榕 103
旋覆花 178
血见愁 191
血桐 055

Y
鸭脚木 125
沿阶草 209,210
盐肤木 124
艳山姜 205
洋紫荆 072
野葛 087
野菊 176
野牡丹 037
野木瓜 017
野迎春 145
夜合花 010
夜香木兰 010
一支枪 181
一枝黄花 181
异叶地锦 112
异叶爬山虎 112

阴香 013
鹰不泊 117
映山红 127
油茶 028
余甘子 058
鱼黄草 186
玉叶金花 161
云南黄素馨 145
云实 073

Z
皂荚 075
展毛野牡丹 038
浙江红山茶 027
栀子 155
蜘蛛抱蛋 207
柊叶 206
钟花樱桃 063
皱皮木瓜 064
朱槿 048
硃砂根 129
猪屎豆 079
状元红 199
紫荆 074
紫萁 001
紫薇 024
棕叶芦 230
醉鱼草 140

植物学名索引

A

Adina pilulifera ·················153
Adina rubella ··················154
Akebia quinata ·················017
Albizia julibrissin ···············069
Alchornea trewioides ············051
Alpinia henryi ··················203
Alpinia katsumadai ··············204
Alpinia zerumbet ················205
Aquilaria sinensis ···············025
Ardisia crenata ·················129
Ardisia hanceana ················130
Ardisia mamillata ················131
Artemisia annua ·················174
Arundo donax ···················219
Aspidistra elatior ················207
Aster ageratoides ················175
Asystasiella neesiana ·············191

B

Baeckea frutescens ···············031
Baphicacanthus cusia ············192
Barleria cristata ·················193
Bauhinia × blakeana ·············070
Bauhinia corymbosa ·············071
Bauhinia variegata ··············072
Blechnum orientale ··············007
Bridelia tomentosa ···············052
Broussonetia papyrifera ···········097
Buddleja asiatica ················139
Buddleja lindleyana ··············140
Buddleja officinalis ··············141

C

Caesalpinia decapetala ···········073
Calanthe discolor ················217
Callicarpa cathayana ·············196
Callicarpa formosana ············197
Camellia chekiangoleosa ··········027
Camellia multiperulata ···········030
Camellia oleifera ················028
Camellia sasanqua ···············029
Camellia semiserrata ·············030
Campsis grandiflora ··············187
Caryota mitis ···················214

Castanopsis fissa ················093
Celastrus orbiculatus ·············107
Cerasus campanulata ············063
Cercis chinensis ·················074
Chaenomeles speciosa ············064
Cinnamomum burmannii ·········013
Clausena lansium ················114
Clematis filamentosa ·············016
Clerodendrum fortunatum ········198
Clerodendrum japonicum ·········199
Clerodendrum wallichii ···········200
Cordia dichotoma ···············183
Cratoxylum cochinchinense ·······041
Crotalaria albida ················077
Crotalaria assamica ··············078
Crotalaria pallida ················079
Curculigo capitulata ·············215
Curculigo orchioides ·············216
Cyclosorus aridus ················006
Cynodon dactylon ···············220

D

Daphniphyllum oldhami ··········061
Delavaya toxocarpa ··············119
Dendranthema indicum ··········176
Desmodium gangeticum ··········080
Desmos chinensis ················012
Dichroa febrifuga ················062
Dicranopteris dichotoma ··········002
Dicranopteris pedata ·············002
Dimocarpus longan ··············120
Diospyros kaki ··················128
Dodonaea viscosa ···············121
Dolichandrone cauda-felina ·······188

E

Ecdysanthera rosea ···············149
Elaeagnus glabra ················110
Elaeagnus umbellata ·············111
Elaeocarpus hainanensis ··········043
Elaeocarpus sylvestris ············044
Elephantopus scaber ·············177
Eleusine indica ··················221
Embelia laeta ···················132
Embelia oblongifolia ·············133

Embelia ribes	134
Embelia rudis	135
Eriobotrya japonica	065
Erycibe myriantha	184
Euonymus fortunei	108
Euonymus japonicus	109

F

Fagraea ceilanica	142
Ficus hispida	098
Ficus nervosa	099
Ficus pumila	100
Ficus subpisocarpa	101
Ficus superba var. *japonica*	101
Ficus tikoua	102
Ficus tinctoria subsp. *gibbosa*	103
Flueggea virosa	053
Fraxinus chinensis	143

G

Gardenia jasminoides	155
Gardenia jasminoides var. *fortuneana*	156
Gendarussa vulgaris	194
Gleditsia sinensis	075
Glochidion puberum	054
Glycosmis parviflora	115

H

Hedyotis caudatifolia	157
Hibiscus mutabilis	047
Hibiscus rosa-sinensis	048
Hibiscus syriacus	049
Hypericum monogynum	042
Hypolepis punctata	003

I

Ilex cornuta	105
Ilex rotunda	106
Imperata cylindrica	222
Indigofera amblyantha	081
Indigofera cassioides	082
Inula japonica	178
Ixora chinensis	158

J

Jasminum floridum	144
Jasminum floridum subsp. *giraldii*	144
Jasminum mesnyi	145

K

Kerria japonica	066
Koelreuteria paniculata	122

L

Lagerstroemia indica	024
Lespedeza bicolor	083
Lespedeza floribunda	084
Lespedeza formosa	085
Ligustrum quihoui	146
Ligustrum sinense	147
Lirianthe coco	010
Liriope spicata	208
Litsea cubeba	014
Litsea glutinosa	015
Lonicera hypoglauca	167
Lonicera japonica	168
Lonicera macrantha	169
Lophatherum gracile	223
Loropetalum chinense	091
Loropetalum chinense var. *rubrum*	092

M

Macaranga tanarius var. *tomentosa*	055
Maesa japonica	136
Maesa perlarius	137
Magnolia coco	010
Mallotus paniculatus	056
Mallotus philippensis	057
Melastoma affine	036
Melastoma candidum	037
Melastoma malabathricum	037
Melastoma normale	038
Melastoma sanguineum	039
Melia azedarach	118
Merremia boisiana	185
Merremia hederacea	186
Michelia figo	011
Miscanthus floridulus	224
Miscanthus sinensis	225
Morinda officinalis	159
Morinda parvifolia	160
Morus alba	104
Murraya exotica	116
Mussaenda pubescens	161

N

Nandina domestica	018
Nephrolepis auriculata	009

Nephrolepis cordifolia ·······················009
Neustanthus phaseoloides ·················086
Neyraudia reynaudiana ······················226

O

Ophiopogon bodinieri ························209
Ophiopogon japonicus ·······················210
Oroxylum indicum ····························189
Osmanthus fragrans ··························148
Osmunda japonica ·····························001

P

Paederia scandens ····························162
Panicum repens ·································227
Parthenocissus dalzielii ···················112
Parthenocissus tricuspidata ············113
Pennisetum alopecuroides ···············228
Periploca sepium ·······························152
Phaius tancarvilleae ·························218
Phrynium capitatum ··························206
Phyllanthus emblica ··························058
Piper austrosinense ···························019
Piper hancei ······································020
Piper sarmentosum ····························021
Pittosporum tobira ·····························026
Polygonum orientale ··························023
Pottsia grandiflora ····························150
Psychotria rubra ·································163
Pteris semipinnata ·····························004
Pteris vittata ·····································005
Pueraria lobata ·································087
Pueraria lobata var. *montana* ·········088
Pueraria phaseoloides ·······················086

Q

Quisqualis indica ·······························040

R

Radermachera hainanensis ···············190
Reineckea carnea ·······························211
Rhaphiolepis indica ····························067
Rhododendron × pulchrum ···············126
Rhododendron simsii ·························127
Rhodomyrtus tomentosa ···················032
Rhus chinensis ··································124
Rubus alceaefolius ····························068

S

Sabia limoniacea ·······························123
Saccharum arundinaceum ················229

Sapium discolor ·································059
Sapium sebiferum ·····························060
Sarcandra glabra ·······························022
Schefflera heptaphylla ······················125
Schefflera octophylla ·························125
Senecio scandens ·······························179
Senna siamea ···································076
Serissa japonica ·································164
Sesbania cannabina ··························089
Sinosenecio oldhamianus ·················180
Smilax china ····································212
Smilax glabra ···································213
Solidago decurrens ····························181
Sterculia lanceolata ··························045
Sterculia monosperma ·····················046
Sterculia nobilis ································046
Symplocos lancifolia ·························138
Syzygium cumini ······························033
Syzygium jambos ······························034
Syzygium odoratum ··························035

T

Tephrosia purpurea ···························090
Thunbergia grandiflora ······················195
Thysanolaena latifolia ······················230
Thysanolaena maxima ·······················230
Trachelospermum jasminoides ·········151
Trema angustifolia ····························094
Trema tomentosa ······························095

U

Ulmus parvifolia ·······························096
Uncaria rhynchophylla ······················165
Urena lobata ····································050

V

Viburnum dilatatum ··························170
Viburnum hanceanum ······················171
Viburnum odoratissimum ·················172
Vitex negundo ··································201
Vitex negundo var. *heterophylla* ·····202

W

Wedelia chinensis ·····························182
Weigela japonica var. *sinica* ············173
Wendlandia uvariifolia ·······················166
Woodwardia orientalis ······················008

Z

Zanthoxylum avicennae ·····················117